计量世界里的“中国英语”

以摘要文体为例

李伟娜◎著

上海人民出版社

目　录

图目录

表目录

引 言

英文摘要是国际信息检索系统收录学术文献的主要依据，随着国际学术交流水平的提高，英文摘要对文献的国际发表与收录起着愈加重要的作用，因此受到学者的关注。本书是基于语言变体理论中英学术论文摘要语言特点进行的一次调查研究。研究选取国内外核心学术期刊2000年以来的英文摘要语料2000篇建立学术论文英文摘要语料库，对比中国和英语国家作者的学术论文英文摘要在词汇、搭配、句长、语法等方面的特征，描述和研究了计算机科学、生物学、法学、新闻传播学和计算语言学五个子语料库的典型词汇和用法，并在共时的平面探索从论文摘要中体现出的中国英语变体在词汇层面和句法层面上较为稳定的语体标记，为中国学术论文作者提供更多的对比语料实例，有助于培养其语言意识，从而提高中国英语使用者的交际信心和熟练程度。也有助于发现中国英语与世界的融合程度及对英语的补充发展程度，为语言监测作一些贡献，从而有益于中国科研进展在国际上的传播。

本书共分为七章：

第一章“论文摘要——学术成果的重要‘代言’”。本章先从摘要的定义、功能、内容、分类等方面对摘要进行了界定，接着对国内外学者对学术论文摘要的研究从写作规范到宏观结构再到语言特征进行详细的文献综述。

第二章“中国英语——一种新兴的语言变体”。由中国和英语国家作者的英文摘要在语言上体现出的不同引入英语本土化的语言变体——“中国英语”变体的概念。在社会语言学的语言变异理论和语言与文化相对论的基础上讨论了英语在使用地域范围不断扩大，使用人数不断增长以及语言内部语法、词汇、搭配等方面不断发展变化的情况下面临的方法论层面的挑战，主要体现在“规定”和“描写”、“单一标准”和“多元标准”以及英语和英语变体这三种对立统一关系的认识上，为以下各章奠定了理论基础。

第三章“基于语言变体理论的一项专题研究”。提出从“中国英语”变体的语言特点这一全新角度对中外作者学术论文英文摘要的语言特点进行研究，并对研究方案进行了详细的介绍，包括研究目的、对象和方法等，为以下各章指明逻辑起点，并提供了分析思路。

第四章“语言总体特征描述和对比分析”。详细描述了从学术论文英文摘要语料库 AAC 中体现出的语言学特征，通过中国和英语国家作者的英文摘要对比，总结出一些典型句法特征和词汇搭配，并对特点进行分析和评价。

第五章“领域语言个性特征刻画”。本章对领域语言的个性特征进行了刻画。总体来说，不同领域语言的语域差别明显，而相同领域内部语言变体特征突出。通过研究学术论文各专业子语料库中的词汇和词丛，既得出了不同专业的特色词汇和词丛，也洞悉了各专业中外学者的研究焦点，为相关研究者提供资讯。

第六章“中国英语学术论文摘要典型语言特征”。从中国英语学术摘要语体中总结出一些能体现中国英语变体特色的词汇和句法方面的语体标记，包括倾向使用动词单数形式；研究的主体和客体均为个体多于群体；单一使用固定实词，如 showed 和 propose 等；整齐划一地使用固定的结构，如 N+based、the+N+of（+ N）结构、since + 一段时间搭配以及 there+have 结构；倾向使用主观笼统直觉化的情态动词 should；以及单一模式使用客观研究载体指示语 the paper 等，对中国英语学术论文摘要的典型语言特征进行具体描述。

第七章“一次研究引发的思考”。总结了本书的主要研究发现，讨论了研究意义，指出研究的局限和不足，并对本课题的未来研究予以展望。

第一章

论文摘要

——学术成果的重要“代言”

Language is the only tool of science, and the word is the symbol of the thought.

——Samuel Johnson

语言是科学的唯一工具，词汇只是思想的符号。

——塞米尔·约翰逊

第一节
认识学术论文摘要

20世纪末，世界进入互联网时代，信息技术的发展及全球化以前所未有的速度改变着人们的社会生活。全球化也为各种不同的文化价值观念和社会结构提供了充分展示及交流的平台。进入21世纪，随着全球化步伐的加快，国际学术交流日渐频繁，水平也不断提高。在这样的背景下，文献的国际发表与收录状况业已成为衡量作者科研水平的重要参考指标，而英文摘要则是国际信息检索系统收录学术文献的主要依据。联合国科教文组织规定："全世界公开发表的科技论文，不管用何种文字写成，都必须附有一篇短小精悍的英文摘要。"中国国家标准GB7713-87中规定："报告、论文一般均应有摘要，为了国际交流，应有外文（英文）摘要。"[①]CAJ-CDB/T1-2006［中国学术期刊（光盘版）检索与评价数据库规范］规定，理论与应用研究学术论文，包括综述性报告均应附中、英文摘要。由此可见，学术论文英文摘要直接关系到科研成果在世界范围的传播和

① 参见《科学技术报告、学位论文和学术论文的编写格式》，该标准由全国文献工作标准化技术委员会1987年5月5日制定，国家标准局1988年1月1日起实施。

交流。同时国际重要检索机构，如美国《科学引文索引》（SCI）和《工程索引》（EI）等，在决定是否收录和引证学术论文时，主要是通过阅读英文摘要来进行判断的（王敏芳，2008）。

在中国，一方面，学者为了加大其论文信息的传播速度和广度，提升论文的学术价值和应用价值，拓宽读者的阅读面，提高论文的被引用频次和影响因子，需要重视对英文摘要的写作；另一方面，很多学者学术论文的中文原文写得很好，但由于英文摘要存在一些问题，导致其优秀论文最终没有被国际重要检索系统收录。这里面有英文写作能力的原因，也有对国际重要检索系统的收录规则了解不足、适应不够的原因，更有对英文语言特点本身把握不足的因素。因此，学术论文作者对写好英文摘要的需求越来越大，学术界对英文摘要写作的关注程度越来越高，对其语言特点和结构功能的研究也逐渐呈云兴霞蔚之势。

对于英文写作能力的提高问题，由于英语受关注的程度越来越高，随着英语教育在中国的普及和发展（在中国，英语学习已经和语文和数学一样成为贯穿小学课程体系的主课之一，而且在小升初、中考和高考中占有重要的分量），加之中国作者也加大了英语写作能力的训练力度（近年来，很多高校都开设了通用英语写作课程，有些高校甚至开设了学术英语写作专题课程），中国作者的英语水平应经有了很大的提高，学术文章的英文写作基本做到句子通顺、语法正确，这一点得到了国际权威英语教育机构的肯定。另一方面，越来越多的中国作者也逐渐熟悉了国际重要检索系统的收录规则，掌握了学术论文英文摘要的结构特点和基本要求。但同时，细心的作者还会意识到，英文摘要除了必须符合英文的语法规定以外，所使用的词汇也应是常用公认的，而且还要尽量适用外国人的习惯用法，否则将影响论文的水平，进而影响到发表论文的期刊的质量，这是每个学术论文作者都应重视的问题；而这种对英文摘要语言特点的驾驭能力却是难以通过加强英文写作的训练和对写作规则的熟悉得到提高的。于是，英文摘要作为一种独特语体形式也开始引起学术界尤其是语言学界的关注。基于此，本书把英文摘要作为研究对象，把其语言特点作为研究目标。

一、摘要的定义

摘要是指以精炼的语言介绍文章的要旨、论点、实验结果和分析以及结论等，让读者了解全文概貌的一段文字。摘要应具有独立性和自含性，本身包括完整和独立成章的内容，一般出现在文章开头。虽然摘要通常被认为是学术论文的简短介绍性的文字，但还是被学者和研究人员从多角度加以定义。随着学术论文发表和学术著作出版的逐渐规范，对摘要的定义也经历了一个逐渐发展完善的过程。

最开始，美国国家标准学会（1979）把摘要规定为作者为发表论文所准备的一段能简短、准确概括文章内容的代表性文字。

后来，安德鲁（Andrews，1982）把摘要定义为一段概括长篇文章主要内容并突出重点，帮助读者决定是否值得阅读全文的简短性文字。该定义从语用的角度指明了摘要的功能。

再后来，洛克（Locker，1997）认为摘要指的是对长篇文献、论文、著作、研究报告或是期刊出版物等的一段简短概括，能够突出作品中的要点，简洁地描述作品内容和写作范围，指明所采用的方法，并说明调查结果或研究结果等。这在安德鲁定义的基础上从语言类型的角度对摘要的内涵作了进一步的描述和限定。

到了21世纪，Ufnalska（2009）把摘要定义为研究性报告或论文、评论、会议论文以及任何对某一问题或学科的深入研究分析的简要概述。摘要一般位于文章题目之后，正文之前。摘要应该用简短的文字描述研究目的、研究设计和研究结果。该定义对摘要的功能和风格作了进一步的整合归纳。

由此可以发现这些定义虽表述不一，但有一点看法是一致的，即摘要在形式上应该是简短的，在内容上应该是对学术论文信息的概述。虽然对摘要这种“有代表性的""简短的"概括性文字的体裁还没有统一的明确的规定，但其作为介绍科技信息的写作形式应该是准确、简洁和客观的，功能上能够帮助读者迅速、准确地了解文献的主要内容，判断与自己研究兴趣的相关性，进而决定是否有通读全文的必要（American National Standard Institute，1979：403）。

二、摘要的功能

学术论文需要运用摘要对复杂的研究进行简短的交流。一篇摘要可以代替完整的论文成为独立体，因而被很多机构用来作为挑选学术会议发言的依据和基础，这说明其本身应具有独立性和自含性，即不阅读全文，就能获得重要的信息。摘要的主要功能包括：

（1）概括文献要点。摘要是对文献主要内容的提炼和概括，可以让读者在较短的时间内了解文献的主要内容，以作为文献标题的补充。由于现代科技文献信息浩如烟海，读者检索到论文题名后是否会阅读全文，主要就是通过阅读摘要来判断。所以，摘要的一个重要功能就是吸引读者的注意并快速将文章的主要信息传递给读者。

（2）吸引文献检索。随着网络技术的迅猛发展，网上查询、检索和下载专业数据已成为当前科技信息情报检索的重要手段，网上各类全文数据库、文摘数据库等，越来越显示出现代社会信息交流的水平和发展趋势，而论文摘要的索引就成为读者检索文献的重要工具。所以论文摘要质量的高低，直接影响着其论文的被检索率和被引用的频次。这是因为大多数文献数据库只能够索引到论文摘要而非整篇论文；由于版权以及出版费等方面的问题，许多学术论文全文需要付费购买才能获得，因此摘要在这个意义上成为文献纸质或电子版全文的重要"卖点"（Gliner & Morgan，2000）。

（3）方便国际交流。本书讨论的对象为英文摘要，在前文中已经谈到，我国早在 1987 年就有相关规定，为了推动国际交流，科学技术报告、学位论文和学术论文应附有外文（多用英文）摘要。而且国际重要的检索机构也主要是通过阅读英文摘要来决定是否收录。因此英文摘要还肩负着学术科研成果在世界范围交流和传播的重任。

三、摘要的内容

对摘要的研究发现，一篇摘要在结构上并没有一成不变的格式，不同种类的摘要，对于不同的内容有不同的侧重（Tippett，2004；Ufnalska & Hartley，2009）；但总体来说，论文摘要通常包括以下几部分内容：背景（background）、问题（problem）、方法（method）、结果（result）和结论或启示（conclusion & implication）。这些部分都要用简洁的语言作清楚的描述。有的时候，如果有可能，还应尽量提一句论文结论的应用范围和应用情况。

（1）背景：这部分需要回答“我的研究从哪里开始”这个问题。作者需要简要介绍研究的背景和现状，必要时，可以利用论文中所列的最新文献，简要介绍前人的工作，为过渡到所研究的问题做铺垫，以点明研究本课题的合理性和重要性。但这部分的介绍一定要极其简练，在这方面，EI 提出了两点具体的要求：

第一，尽量少谈背景信息（minimize background information）；

第二，避免在第一句话重复使用标题或标题的一部分（avoid repeating the title or part of the title in the first sentence of the abstract）。

（2）问题：这部分需要回答“我要做的研究具体是什么”这个问题。说明文章主要解决的问题。一般来说，一篇学术文献摘要，可以不谈背景而在一开头就把作者写此文章的目的或要解决的主要问题或者研究设定的目标交代清楚。

（3）方法：这部分需要回答“我是如何进行研究的”这个问题。在交待了要解决的问题之后，接着要回答的自然就是如何解决问题。这部分内容主要说明作者的研究工作过程及所用的研究方法，也应该包括众多的边界条件、使用的主要设备和仪器或采用的衡量标准。在摘要中，过程与方法的阐述起着承前启后的作用。

（4）结果：这部分需要回答“我的研究得出了什么样的结果”这个问题。与研究过程及方法密切相关的往往就是最后的结果和结论。这部分内容具体指对研究数据的明析和阐释，还包括研究结果与原研究问题的关系以及结果的局限性。

（5）结论或启示：这部分解决“我从结果中能得出什么样的结论，获得怎样的启示”这个问题，以突出论文的意义。在文摘结尾部分还可以说明论文的主要贡献和创新、独到之处。

以上摘要的结构适用于学术期刊论文和学位论文等文献，摘要本身的结构内容和文献全文的结构内容是相吻合的，只不过摘要不对原始文献加以诠释或评论，而是对其进行准确而简短的概括，以反映原始文献的主要信息。对于会议论文需提交的摘要，有时候需要对实验内容描写得更加详细一些，这就涉及下一步将要说明的摘要的分类问题。

四、摘要的分类

摘要按照其内容和功能的不同，大致可划分为报道型摘要、指示型摘要和报道—指示型摘要 3 种类型，以下进行一一说明。

（1）报道型摘要。报道型摘要是指明文献的主题范围及内容梗概的一类简明摘要，相当于简介。报道型摘要一般用来反映科技论文的目的、方法及主要结果与结论，在有限的字数范围内向读者提供尽可能多的定性或定量的信息，充分反映该研究的创新之处。科技论文如果没有创新内容，如果没有经得起检验的与众不同的方法或结论，是不会引起读者的阅读兴趣的。所以学术性期刊（或论文集）应该多选用报道型摘要，用比其他类摘要字数稍多的篇幅，向读者介绍论文的主要内容。以“摘录要点”的形式报道出作者的主要研究成果和比较完整的定量及定性的信息。报道型摘要在篇幅上一般来说，中文在 300 字以上，而英文在 200 词以上。

（2）指示型摘要。指示型摘要是指明文献的论题及取得成果的性质和水平的一类摘要，其目的是使读者对该研究的主要内容（即作者做了什么工作）有一个概括性的了解。创新内容较少的论文，其摘要可写成指示型，一般适用于学术性期刊的简报、问题讨论等栏目以及技术性期刊等，只概括地介绍论文的论题，使读者对论文的主要内容有大致的了解。在篇幅上，中文指示型摘要一般在100到200字之间，英文以100词左右为宜。

（3）报道—指示型摘要。报道—指示型摘要是以报道型摘要的形式表述论文中价值最高的那部分内容，其余部分则以指示型摘要的形式表达。其篇幅中文在300字左右为宜，英文在100到200词之间。

以上3种摘要分类的形式都可供作者选用。一般来说，向学术性期刊投稿，应选用报道型摘要的形式；只有创新内容较少的论文，其摘要可写成报道—指示型或指示型摘要。从目的论的角度来讲，写论文的首要目的是被收录发表，而论文发表的最终目的是要引起关注和被人引用。如果摘要写得不好，在当今信息激增的时代，论文被收录进文摘杂志、检索数据库，被人阅读、引用的机会就会少得多，甚至丧失。一篇价值很高、创新内容很多的论文，若写成指示型摘要，可能就会失去较多的读者。在这种情况下，如果作者摘要写得过于简洁，在发表前就会被要求修改。

以下是3种不同类型摘要的样例，本书作者选取3篇代表3种类型的摘要实例，文本来自学术论文英文摘要语料库AAC（Acadenic Abstracts Corpus）的计算机科学专业子库（AAC-CS），每篇英文摘要还附有相对应的中文摘要。

● **报道型摘要**

Software cache is a commonly used method which solves the irregular applications on Cell processor. Considering that software cache usually ignores the irregular reference memory access pattern and thus sets the cache line to a specific length, which elevates memory bandwidth overhead and limits cache utilization, this paper proposes an adaptive cache line strategy, which continuously adjusts cache line size during applications execution, therefore, the transferred data size is decreased significantly. Moreover, this paper presents a corresponding software cache—hybrid line size cache (HLSC). It introduces a hybrid Tag Entry Array, with each mapping to a different line size. It's a hierarchical design in that when a miss is occurred in the long line Tag Entry Array, misshandler is invoked at once. But if there is a miss in the short line Tag Entry Array, misshandler is invoked immediately as well the long line Tag Entry Array is checked. If it's a hit in the long line Tag Entry Array, misshandler is abandoned. The hit rate is efficiently increased because hierarchical lookups. Additionally, an original replacement policy—index aligned strategy (IndAlign_LRU) is proposed to implement least recently unused replacement policy for multiple cache line sizes. Performance evaluation indicates that the adaptive cache line scheme greatly decreases the reduction of data transfer and improves hit rate. Additionally, aver-age execution speed of the HLSC is faster than that of the cache line design with 1024B, 512B, 256B and 128B by 28.9%, 29.7%, 32.1% and 33.5%, respectively. (cc60, 244 words)

非规则问题是大规模并行应用中普遍存在和影响程序效率的关键问题，软件 Cache 是 Cell 处理器上解决该问题的一种普遍手段。鉴于通常的软件 Cache 忽略了非规则引用的内存访问模式，将 Cache 行设定为一个固定的长度，而加重内存带宽负荷及制约 Cache 利用率的问题。文中提出了一种自适应的 Cache 行算法，它根据非规则内存访问的特点，在程序执行过程中不断地调整 Cache 行的大小，因此减少了传输的数据量。同时，针对不同的 Cache 行大小，设计了一种相应的软件 Cache 结构——混合行大小的 Cache。

它包含多种Tag项数组，每种Tag项数组对应于一种Cache行大小。该Cache设计是一种分级的结构，因为当长Cache行的Tag项数组缺失的时候直接进行缺失处理，而当短Cache行的Tag项数组发生缺失的时候启动缺失处理，同时检查长Cache行的Tag项数组是否命中，若命中，则终止缺失处理。通过对Tag项数组的分级查找，Cache的命中率有了显著提高。除此之外，文中提出了一种新的行索引对齐的Cache替换策略，它能够在多种不同的Cache行大小并存的情况下实现LRU替换策略。实验表明该文提出的自适应的软件Cache行策略极大地减少了冗余的数据传输，提高了Cache的命中率。同时，与固定的1024B，512B，256B，128B的Cache行的性能相比，自适应的Cache行策略的执行速度分别提高了28.9%，29.7%，32.1%和33.5%。（490字）

- **指示型摘要**

The integrity measurement of TCG can only insure that the components of a computing platform are tamper-proofed，which is not enough for avoiding the interference between components at runtime for building the trust chain. The interference of other components results in the unexpected information flow. The trust model of Trusted Computing Platform is analyzed in this paper. Based on the intransitive noninterference model，a formal method of analyzing the trust chain transfer is proposed. In a formalized way it specifies the security policy isolating the interference between components that can make the trust chain valid after integrity measurement.（cc96，98 words）

基于可信计算组织（TCG）的完整性度量只能保证组件没有被篡改，但不一定能保证系统运行可信性。其问题在于，当组件运行时，受其他组件的干扰，出现非预期的信息流，破坏了信任链传递的有效性。文章在分析可信计算平台的信任模型基础上，基于无干扰理论模型，提出了一种分析和判定可信计算平台信任链传递的方法，用形式化的方法证明了当符合非传递无干扰安全策略时，组件之间的信息流受到安全策略的限制，隔离了组件之间的干扰，这样用完整性度量方法所建立的信任链才是有效的。（218 字）

● **报道—指示型摘要**

This paper proposes a novel problem of mining top-k graph patterns that jointly maximize some significance measure from graph databases. By exploiting the concepts of information theory，it gives two problem formulations，MES and MIGS，and proves that they are NP-hard. Two efficient algorithms，Greedy-TopK and Cluster-TopK，are proposed for this new problem. Greedy-TopK first generates frequent subgraphs，and then incrementally and greedily selects K graph patterns from frequent subgraphs. Cluster-TopK first mines a set of representative patterns for frequent subgraphs，and then incrementally and greedily selects K graph patterns from representative patterns. When a given significance measure satisfies the submodular property，Greedy-TopK can provide tight approximation bound. Cluster-TopK has no approximation bound guarantee but is more efficient than Greedy-TopK. Extensive experimental results demonstrate that the Top-K mining proposed in this paper is superior to the traditional Top-K mining in terms of results usefulness. Cluster-TopK can achieve at least an order of magnitude speedup than Greedy-TopK，while achieving comparable mining results in terms of quality and usefulness.（cc119，153 words）

本文提出了一个新的研究问题：如何挖掘 Top-K 图模式，联合起来使某个意义度量最大化。利用信息论的概念，给出了两个具体问题的定义

MES和MIGS，并证明它们是NP难。提出了两个高效算法Greedy-TopK和Clus-ter-TopK。Greedy-TopK先产生频繁子图，然后按增量贪心方式选择K个图模式。Cluster-TopK先挖掘频繁子图的一个代表模式集合，然后从代表模式中按增量贪心方式选择K个图模式。当意义度量满足子模块性质时，Greedy-TopK能提供近似比保证。Cluster-TopK没有近似比保证，但比Greedy-TopK更高效。实验结果显示，在结果可用性方面，文中提出的Top-K挖掘优于传统的Top-K挖掘，Cluster-TopK比Greedy-TopK快至少一个数量级。而且，在质量和可用性方面，Cluster-TopK的挖掘结果非常类似于Greedy-TopK的挖掘结果。（265字）

从以上摘要样例中可以看出不同类型的摘要所要突出强调的重点各有不同：报道型的摘要既交代了方法也交代出了研究的具体结果。指示型摘要主要描述了结论而非研究的具体结果。报道—指示型摘要则以概括介绍研究背景和意义为主，中间也不乏对研究数据结果的报道。对于理工科的文献检索（如EI），多数论文摘要属于报道型摘要，包括会议论文、研究报告及期刊论文，也包括个案研究。这类摘要包括研究工作的对象和范围、使用的方法、结果以及结论。而对于描写详细的综述评论性文章，就需要使用指示型的摘要，只需要描述研究的对象和研究范围。

本书研究的重点在于学术论文英文摘要的语言特点以及在不同学科领域中体现出的特点，由于不同学科领域的学术论文的研究内容有所差异，理工类更倾向于使用报道型论文摘要，而文科类如法学等倾向于使用指示型摘要，更有作者选择报道—指示型文摘，因此本研究对于文摘的类型不作深入的区分。

第二节
相关研究概述

对于论文摘要这种文本类型，国内外的专家学者从不同的角度对其进行了研究，包括论文摘要写作规范与指导、摘要整体结构和语言特点等。

一、关于摘要写作指导的研究

为了使作者掌握学术论文摘要写作的程式和规定，国际上出版了很多指导手册，以制定相关的标准和要求，如SCI和EI对于摘要的要求以及美国国家标准学会的相关规定等。同时，专家学者在制定学术论文写作规范的过程中，也注意到论文中不可忽略的重要组成部分——摘要的撰写，如奥康纳（O'Conner）和伍德福德（Woodford）在二人合著的《英语科学论文写作》(1976）中对一篇完整摘要在字数、篇幅和需要包含的主要信息等提出了建议。戴（Day）在《如何撰写和发表学术论文》(1998）一书中，建议整篇摘要或摘要的大部分应该使用过去时，而且不应包含文献内未提及的信息和结论，并指出撰写论文摘要最常见的问题在于包含过多的细节，因此提倡摘要在撰写字数上要讲求精炼。斯莱德（Slade）在《风格和形式：研究论文和报告》(2000）中规定了一篇摘要应该包含研究问题的简短陈述、研究方法和设计的描述、研究结果、意义及结论。斯韦尔斯（Swales）和费克（Feak）从指导论文写作的原则出发，编纂《研究生学术写作：基本任务和技能》(1994)，用两种模型说明了撰写结构严谨的研究论文摘要的两种途径。此外，安德鲁斯（Andrews）和比克尔（Bickle）的《科技写作》(1982)、格林纳（Gliner）和乔治（Morgan）合著的《应用情景研究方法》(2000）和蒂皮特（Tippett）著的《实用研究建议》(2004）等，也都包含对论文摘要写作的相关指导。也有学者直接撰写了以学术论文摘要写作为主题的论文，如文托拉（Ventola，1994）的《作为语言研究目标的摘要》、和 Ufnalska（2009）的《我们如何评估摘要的质量》等，均在各自研究的基础上对论文摘要的写作进行指导。

在中国，随着对科技论文国际化重视程度的加强，学者也愈加重视科技论文英文摘要的撰写。何文有（1995）、于建平（1999）、李秀存等（2001）、熊春如(2002)、任静明（2004)、王高生（2005)、李春阳（2008）等均对学术论文摘要的写作规范，或者是英文摘要的写作特点以及翻译时应该注意的事项等问题进行研究。根据 CNKI 的统计，截至 2016 年 11 月，收录在中国知识资源总库中与“英文摘要写作”相关的文献有 415 篇，具体统计如图 1-1。

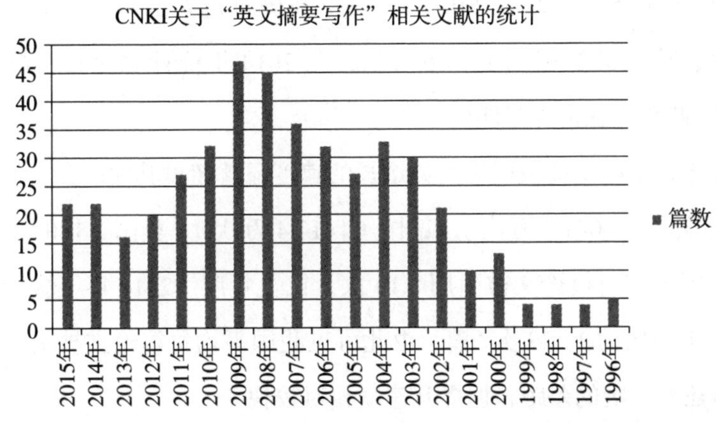

图 1-1　1996—2015 年 CNKI 关于“英文摘要写作”相关文献的统计

图 1-1 是从 1996 年至 2015 年这 20 年间 CNKI 对有关“英文摘要写作”相关文献的统计。从图中可以看出，自 2000 年以来，这类论文数量明显增加，并在 2009 年数量达到最多的 47 篇，这段时间也是我国国际学术论文影响力跃升的

时期。据中国科学技术信息研究所2010年11月26日发布的“2010年度中国科技论文统计结果”，[①] 2009年我国机构作者作为第一作者的国际论文共10.88万篇，其中1.68万篇论文的被引用次数高于学科均线，即其论文发表后的影响超过其所在学科的一般水平。也就是说，占我国论文总数15.5%的论文表现不俗，该比例较2008年的11.5%上升了四个百分点。

2000年至2010年（截至2010年11月1日），我国科技人员共发表论文72万篇，按数量计，排在世界第四位，比2009年统计时上升一位；论文共被引用423万次，排在世界第八位，比上一年度统计时提升了一位。平均每篇论文被引用5.9次，比上一年度统计时的5.2次有所提高（但离世界平均值的10.57还有差距）。

到了2014年，在176个学科领域中高影响力期刊共有154种，2014年各学科高影响力期刊上的论文总数为50404篇。中国在这些期刊上发表的论文数为5505篇，比2013年增加386篇，占世界的10.9%，排名升至世界第二位。

2005年至2015年（截至2015年9月）我国科技人员共发表国际论文多达158.11万篇；论文共被引用1287.6万次，与2014年统计时比较，数量增加了24.2%，连续两年排在世界第四位。[②]

目前为止，中国论文被引用次数增长的速度显著超过其他国家，但我们与排在前三位的美国（6041.7万次）、德国（1417.4万次）、英国（1404.3万次）还有差距。我国平均每篇论文被引用8.14次，比上年度（2014年）统计时提高了7.5%。世界平均值为11.29次/篇，由此可见我国平均每篇论文被引用次数虽与世界平均值还有一定的差距，但提升速度相对较快。

这些成绩的取得也是得益于对英文摘要写作规范的重视和研究。

---

① http://wenku.baidu.com/view/e87cae5bbe23482fb4da4ca0.html.

② 根据2015年10月21日，中国科学技术信息研究所在京发布的《中国科技论文的整体表现》报告。

二、对论文摘要总体结构的研究

由于摘要的功能主要在于忠实而准确地反映原文献的内容，因此摘要本身也被认为是学术文体中的一类，一些学者从篇章语言学和文体分析的角度对摘要的结构布局进行研究。

格雷茨（Graetz，1985）认为一篇摘要最常见的结构包括四部分：问题、方法、结果和结论。斯韦尔斯赞同格雷茨的分析方法，但他进一步指出“大多数文摘的结构似乎都是文献或论文本身的四步结构（IMRD 结构：Introduction-Methods-Results-Discussion）的一个反映，但这还需要进一步的研究证明”（Swales，2001：181）。

巴蒂亚（Bhatia，1993）在其著作《分析文体：专业情景下的语言使用》中通过考察一篇典型的论文摘要样例，也提出了类似的论文摘要四步结构，包括：介绍目的、描述方法、概括结果和陈述结论。同时她也指出了某一文体的结构类型是由其交际目的决定的。“一篇研究摘要之所以与同一篇文献的介绍部分不同恰恰是由它们各自的交际目的不同所决定的，虽然在某种程度上它们看似有些相同点。”（Bhatia 1993：14）

萨拉杰–迈耶（Salager-Meyer，1990）调查了 77 篇医学论文摘要，其文体包括研究论文、案例报告和综述论文，涉及临床、基础、流行病学和手术等四大类。她设定了六步来解释医学摘要的整体结构，即陈述说明、目的、数据库、方法、结果、结论和建议。

除以上研究之外，还有其他学者对摘要进行了跨文化、跨学科的对比研究。梅兰德（Melander 等，1997）考察了美国和瑞典在 3 个学术领域中的期刊摘要里所体现出来的民族或学科性的倾向；文托拉（1996）发现了存在于芬兰和德国学术写作中的两种不同的风格，具体来说，芬兰作者的英语写作风格过于简练，而德国作者的英语写作风格又过于复杂。

中国学者也对摘要（尤其是中文摘要的英译版）的宏观结构进行了研究。葛冬梅、杨瑞英（2005）对学术论文摘要的体裁进行了分析，刘胜莲、魏万德（2008）对应用语言学论文的英文摘要的体裁进行了分析，通过具体的摘要对比发现国际期刊摘要语篇的宏观结构更加完整和复杂，并归纳了英文摘要的原型结构，基本上也是斯韦尔斯提出的IMRD四步结构；何宇茵等（2008）对航空航天论文英文摘要的体裁进行了分析，并探讨了中文摘要英译版在语步模式上存在的差异。此外，黄萍（2007）、刘锦凤（2009）、高怀勇等（2011）、张嫚（2011），谢韶亮（2011）等也对语言学、经济学、纺织学、农学、环境学等领域的学术论文摘要的体裁和结构进行了跨体裁或跨文化的研究。

总体说来，国内这类论文绝大多数出现在2000年之后，而且学者们也大都采用斯韦尔斯的语步—步骤分析模式，从不同的学科领域的摘要研究中印证其语步分析模式，而且大多认为语篇构建的深层交际动机会对语篇结构和语言产生影响，但这些研究的理论支撑过于单一。另外，这些研究还说明了随着对学术论文摘要结构和内容的逐渐规范，不同国家作者的英文摘要结构模式也趋于统一，并且中外学者对于摘要宏观结构的研究已趋于达成共识。

三、对论文摘要语言特点的研究

除了对学术论文宏观结构进行研究以外，中外学者也对学术论文摘要微观上的语言特点进行了研究。如格雷茨（1985），萨拉杰–迈耶（1994），梅兰德等（1997）以及海兰德（Hyland，2001）对摘要的情态配置、时态、语态及人称等进行了深入的考察研究。

情态配置用以反映一种语气的不确定性和可能性，被认为恰恰能够表达科学的质疑性这一根本特征。萨拉杰–迈耶对论文摘要中不同的修辞方式的交际目的进行了研究，其结果显示，情态配置通常出现在结论语步和建议语步，因为这些语步能反映出言论的局限性，并能够帮助作者让自己的研究发现和事实真相二者保持距离。她还发现情态设置是由摘要的语步和研究类型决定的，用来表达作者不确定或建议性的语气，其使用频率是与一个断言的普遍性密切相关的（Salager-Meyer 1994）。

时态、语态和人称一直以来都是学者研究学术论文摘要语言特点的一个热点。格雷茨（1985：125）认为摘要以一般过去时、第三人称、被动语态和否定缺失为特征。她进一步指出摘要应该避免使用从句，要多用短语而不是句子，多用词而不是短语。她的研究后来又被梅兰德等（1997）所证实，她们发现摘要大量使用过去时和被动语态，而且避免使用第一人称代词。

然而格雷茨这种过于概括的主张遭遇了更多的挑战而非认可，因为很多学者持有和格雷茨的观点完全不同的结论。根据马尔科姆（Malcolm，1987）的研究，在提及研究发现时经常使用的是现在时态。萨拉杰–迈耶（1994）对医学论文摘要进行了基于类型的研究，发现了“历史”类型的语料与一般过去时密切相关；而现在时经常会出现在摘要的结论、建议和数据分析等“评论”类型的语篇中。她的研究发现与赫金（Huckin）对生物化学类的论文摘要的调查（1986）是一致的，赫金也得出了同样的结论，即摘要的结论、建议和问题陈述部分使用的通常是现在时态。

有关被动语态和第一人称代词的使用情况问题，其他研究者也基于各自的研究持有不同的观点。塔罗内（Tarone）等（1998）考察了两种天体物理期刊论文的主动语态和被动语态的使用频率，发现第一人称复数代词“我们”（we）和主动语态（而非被动语态）经常出现在文献中。

而台湾学者郭志伟（Kuo，1999）对论文摘要的人称进行了实证性的研究，发现“we”比其他人称代词更常用。而且被动语态有时会被转换成主动语态。此外，在德国论文摘要的英译版中也会使用第一人称复数代词“we”。

海兰德（2004，2008）在研究学术文章话语时赋予“语态”（voice）一词新意，特指学术文章作者申明立场与读者互动的一种话语方式，并通过语料库总结出“以作者立场为导向”“以读者参与为导向”和“作者、读者对话互动”三类学术论文话语方式。

中国学者李学军（2004）、滕真如和谭万成（2004）、范晓晖（2005）、张曼（2009）等也对学术论文摘要的微观语言特点进行了研究，包括语体特点、语篇衔接，语法结构、时态语态、情态配置、介词用法等。

张曼（2009）通过对学术论文英文摘要的研究发现各类情态配置常常出现在结论和引言部分，较少出现在结果部分，很少出现在方法部分，而且它们在软学科（soft knowledge disciplines，文科）中出现的频率高于硬学科（hard fields，理工科）。滕真如、谭万成（2004）也得出了学术论文英文摘要倾向于使用一般现在时、主动语态和第一人称复数代词等结论。

总体来说，中国学者得出的有关英文摘要语言特点的结论与国外学者的相同或近似，时间上却明显比国外要晚一些，但最终中外学者似乎共同找到了关于“学术论文摘要”文体层面和语言层面的一些“核心”规则。

总结起来，国内外学者对学术论文摘要的写作规范、宏观结构及微观语言特点等各方面进行了比较全面细致的研究，中国作者的学术论文摘要撰写逐渐规范，写作水平也显著提高，能够做到句子通顺、语法正确，基本掌握了论文摘要写作的“核心”规则，因此中国学术论文在国际上的发表数量也明显增加，取得了较大的成绩。然而，尽管如此，细心的读者还会发现英语国家作者写出的英文摘要和中国作者写出的英文摘要读起来感觉上还是有所不同，这种不同不是规范上的差异，不是结构上的差异，也不是语法规则掌握上的差异，而是存在于语言本身的词汇选择、搭配、句长等语言特点上的不同，这说明虽然同为英语，在共同的“核心”规则下，中国英语学术论文的语言特点也体现着差异性，而这正是中国作者的一种独特的风格，体现着“中国英语”这种新兴的英语变体的特点。

第二章

中国英语

——一种新兴的语言变体

Language as a human faculty developed but once in the history of the race, and all the complex history of language is a unique cultural event.

——Edward Sapir

作为人类的一种基能，语言在人类历史上只发展过一次，整部复杂的语言史是一桩独特的文化事件。

——爱德华·萨丕尔

第一节
英语与中国英语——摘要研究中的新发现

在上一章节中提到，在对学术论文英文摘要的研究中，已经有人发现英语国家作者写出的英文摘要和中国作者写出的英文摘要是有差异的，这种差异体现在语言本身的词汇选择、搭配、句长等语言特点上。本章就是要从中国英语学术论文的语言特点体现着的差异性出发，去探寻一种独特的新兴语言变体——中国英语。

我们知道，作为人类最重要的交际工具，语言总是随着社会的发展而处于不断地运动变化之中。全球五六千种语言，英语的使用地域最广，影响也最大，作为一种多国家、多文化、多功能的国际通用语，英语的国际化必然引起它的本土化。中国英语变体的产生正是英语同中国文化相接触、同汉语相交融的结果。

20 世纪 80 年代，葛传椝先生（1980）首先提出“中国英语”这一概念。他认为中国人说英语时总有一些特殊的东西需要表达，如：yuan（元），jiao（角），

fen（分），Han Linyuan（翰林院），fengshui（风水），yinyang（阴阳），kongfu（功夫），jiaozi（饺子），kowtou（叩头）等。葛先生认为“中国英语”指的是所有表达中国特有事物的词汇。但是在当时及其后的将近十年时间里，这一领域的研究并未得到足够的重视。直到90年代初，一些学者才注意到“中国英语”的客观存在，并纷纷发表文章或出版著作，从不同的角度对中国英语的界定及其研究方法和研究意义进行论述。

对于“中国英语”产生的根源问题，汪榕培（1991）认为，中国英语是一种客观存在。李文中（1993）指出，中国英语是一种表达中国独特文化的规范英语，是英语在中国运用的现实。但他强调中国英语“不受母体干扰”，这是与“受母体干扰”的中式英语的本质区别。而孙晓青（2002）却认为中国英语是受母语思维影响的结果，因为中国人在使用英语时，必然表现出一些中国人特有的思维方式，这才是英语在中国“本土化”的实质。何自然在一篇综述（1994）中肯定了中国英语研究的价值，并建议从语用学和翻译学角度处理“中国英语”问题，深挖中国英语的“认知”根源。

也有学者对“中国英语”产生和发展的历史和现状进行了研究述评。如姜亚军（1995）认为，中国英语是世界英语大家族的一员。他赞成美国语言学家卡奇鲁（Braj B. Kachru）提出的建立在英语多元标准基础之上的同心圆（concentric circle）学说（1985），认为全球的英语可以分为内圈（inner circle）、外圈（outer circle）和扩展圈（expanding circle）。内圈指以英语为母语的国家，如英国、美国；外圈指以英语为第二语言或官方语言的国家，如印度、新加坡；而扩展圈则指以英语为外语的国家，如中国、俄罗斯、日本等；而这些英语全部处于同一共核（common core）之下，也就是说它们是建立在一个共核基础之上的具有各自特点的独立的英语变体（转引自刘祥清，2005）。所以姜亚军认为中国英语属于卡奇鲁模型的扩展圈，但带有明显的中国特色。而张培成（1995）认为中国英语是在使用中形成的变体，或是作为外语的变体，但否认国别变体的说法。

除了以上对中国英语进行宏观上的理论论证外，更有学者对其微观层面进行了研究。汪榕培早在 1991 年就从共时的角度研究了汉语借词的特点，为中国英语的词汇研究奠定基础。林秋云（1998）也认为，中国英语的特点主要是体现在其特色的词汇上。陶岳炼、顾明华（2001）对汉语借词的特点作了进一步的研究探讨，杜瑞清（2001）、姜亚军等（2003），高超（2006）等从语音、词汇、句法、语篇等多个层面对中国英语进行了分析；金惠康（2001）从社会语言学的角度探讨了中国英语在不同的交际语境中所要面对和接受的语言学和语用学上的适应性问题；张磊（2011）对比了“中国英语”和“中式英语”在词汇、语篇和感情色彩等方面的区别；闫艳（2008）则从英语教学的角度阐述了教师教学思路要从“标准英语”向“中国英语”转变。

总的来说，一方面，在对中国英语进行深入研究的基础上，国内学术界逐渐对“中国英语”这一客观存在达成共识，进一步澄清了“中国英语”（China English）与传统的带有贬义的“中式英语”（Chinglish）的界限和区别，但研究大多停留在定性和述评的阶段，对于“中国英语”的产生究竟是受母语影响，还是受母语思维影响，抑或是受中国本土文化影响这一根源问题还没有形成清晰的认识和共识。另一方面，对“中国英语”的实证研究尚待进一步展开。

国外学者对“中国英语”的研究主要从两个角度展开。一个角度是把中国英语作为英语变体来研究，如卡奇鲁提出建立在英语多元标准的同心圆学说。他们虽然认识到了这种语言变体的存在，但命名有所不同，把“中国英语”称为 Chinese English 而非 China English。如英国学者博尔顿（Bolton）著有 *Chinese Englishes: A Sociolinguistic History*（中译本名为《中国式英语——一部社会语言学史》，2003）。博尔顿在这本著作中通过搜集论述有关中国香港和内地英语的描述和分析方面的历史，从社会语言学的角度探索了亚洲多元英语语境大背景下中国英语发展的历史。托德和汉考克（Todd & Hancock，1986）在其合著的《国际英语使用手册》中列举了 Chinese English 在语音、词汇和语法方面的特征和典型实例，认为这种语言变体的产生与母语的影响有关。国外学者对“中国英语”研究的另一个角度来自于对中国作者英文写作的关注，并对其中体现的语言特点进行探究。如英国语言学家弗劳尔迪（Flowerdew）对母语为非英语的作者（如中国香港和中国内地的作者）的英文写作特点进行了定性和定量的实证研究（Flowerdew 1999a，1999b，2000，2007），包括宏观上明显的语体特点和微观上信号名词（signaling nouns，如态度、困难、帮助、过程、容忍、原因、结果等）的用法，研究发现母语为汉语的作者写出的英文文章在词语选择和段落结构上与母语为英语的作者写出的文章有明显不同。他的研究也提到了中国作者因为其英文写作中体现出的特点在国际论文发表过程中所遇到的问题、困难和挑战，从意识形态差异方面分析了产生问题的原因，并提出了几种可供选择的出路。但是大部分外国学者只是注意到了中国作者在国际文献发表方面所遇到的种种问题（Ammon，2001；Burrough-Boenisch，2003；Casanave，2002），并把产生问题的原因简单归咎于中国作者英语能力还需提高，即使承认有“中国英语”这种新兴英语变体的存在，也很少关注这种变体的具体特点。

现代语言学之父索绪尔曾反复重申，语言学的唯一的真正的对象是就语言和为语言而研究的语言，而这一研究对象是一种正常的、有规律的生命（Saussure，1960：108）。这一论断为人们树立了发展的语言观，即语言虽然是相对稳定的符号系统，但“一定的语言状态始终是历史的产物”；“语言虽是不可触动的，但不是不能改变的”（Saussure，1960：111）。语言是不断发展变化的，是有生命的，因此对一种语言的认识，我们既要追溯这种语言的来源（从哪里来），对其发展变化进行历时追踪，也要包括对其目前共时状态下相对稳定的特点进行刻画（目前所在的位置），还应该包括对其未来走向的预测和分析（要去往何方）。

英语作为世界语言大家族的重要一员，也一直处于发展变化之中。这主要体现在三个方面，第一方面由于英国殖民者不断扩张其领土，英帝国逐渐强盛等历史原因，英语的使用地域非常广，几乎遍及世界的每一个角落。尤其是第二次世界大战之后，英语的使用地域范围迅猛扩大，全世界说英语的人数也不断增长。据 2009 年 7 月的统计数据，世界上以英语为母语的人口虽然只有 3.4 亿多，① 但全球将近有 15.8 亿人说英语，而且在很多国家和地区还有英语的变体。例如在印度，有 3.5 亿人会说他们自己改编的印式英语（Hinglish）；在中国，也有 2.5 亿人说中式英语。第二方面的变化是使用英语的领域非常广泛，已经成为事实上的当今世界最主要的国际通用语，成为国际传播中理想化的标准语言。韩礼德等早在 1964 年就曾断言："英语不再专属英国人拥有，甚至也不再专属西方人拥有，而是一种国际语言，越来越多的人至少为了某种目的而接纳这个语言……"（Halliday，MacIntosh & Strevens 1964：293）。当今，在各种国际会议、集会和比赛中使用英语已被看成是"理所当然"的惯例，这其中当然也包括使用英语进行国际学术交流，其主要形式就是用英文撰写文献，而且主要通过英文摘要来了解整篇文章内容。英语的第三方面的变化体现在随着英语使用地域和应用领域的扩张，其语言本身从语音、词汇到语法等方面也经历着变化发展。尤其是词汇方面，英语新词的增长速度非常快，每 98 分钟就增加一个新词语，曾在 2009 年 4 月出现第一百万个词。② 当英语的国际化（globalization）已成为常态，而其与其他语言和文化相接触又不可否认地造成了英语的本土化（nativization），在这种情况下考察学术论文英文摘要这种语体，就不可避免地遇到语言的规定与描写、语言标准的单一性和多元性以及英语变体和母语思维的关系等方面问题的冲击和挑战。这些问题将在下面几节中一一进行探讨。

---

① 参见维基百科，http://en.wikipedia.org/wiki/List_of_countries_by_English-speaking_population。

② 参见"全球语言监测中心"网站 2010 年 9 月首页新闻，http://www.languagemonitor.com/2010/09/。

第二节
规定还是描写？——这还是一个问题

在“全球英语”的范式下，“世界多元英语”指的是地方化本土化的英语变体。在中国，“中国英语”这一新兴的英语本土化变体的研究在语言理论方面所带来的问题首先是方法论上的，即是应该去规定还是描写？“规定”（prescriptive）和“描写”（descriptive）的争论最早来源于对英语语法规定是只阐述那些被认为是最好、最正确、最具逻辑合理性的规则还是要描写语言在实际中怎么说、怎么写（Richards，2002）。关于“规定”和“描写”之争最经常被引用的例子就是要用“It is I”而不能用“It's me”，最早出现在1762年出版的罗伯特·洛思（Robert Lowth）编写的《英语语法入门》（Baugh，1993）。究其原因是在18世纪的英国，拉丁语是最有教养的人使用的语言，而根据拉丁语语法，用作表语的格（case）要与主语的格保持一致。因此表语单数第一人称要用I而不能用宾格me。但是主张描写语法的语言学家却不以为然。18世纪后半叶也传出了描写语法学家的呼声，如约瑟夫·普利斯特利（Joseph Priestley）认为“大众使用语言的习惯才是真正的语言的标准”（Crystal，1997）。但争论的高潮集中在19世纪中后期至20世纪初，代表人物为美国语言学家诺厄·韦伯斯特（Noah Webster），英国语言学家亨利·斯威特（Henry Sweet），以及斯威特的学生丹麦语言学家奥托·叶斯帕森（Otto Jespersen）。他们分别撰写了各自的“描写语法”著作：韦伯斯特在1864年出版了《美式英语词典》（*American Dictionary*），斯威特1891

年完成了《新英语语法》(*A New English Grammar*)，叶斯帕森于1922年出版了《语言》(*Language*)。这些描写语法学家认为本地语言和大众使用的语言应该受到重视，认为语言不应该根据语法学家所制定的规则来使用，而应该根据说该种语言的当地人使用该语言的真实情况来记录，他们反对规定语法学家那种非独立性、无创造性的行为。

虽然在很多语言教科书中都会发现"语言学是描写的而不是规定的"这一论断，但多数学者仍认为对语言进行"规定"还是必要的。"在现代社会，对某一国家或地区人民所使用的主要语言进行规范，这其中有着明显的管理上和教育上的优势"(Lyons，1981：53)。克洛德·海然热(Calsue Hagere，1999)也指出语言学家合理地参与语言规划和改革可以在语言教学和信息技术领域之外开辟一片广阔的天地，这样的工作是真正具有影响力和决定性作用的。语言尽管不体现语言学家的私人属性，但语言学家也有权力和责任在必要的时候进行干预，而他们的这种干预可以影响语言及其使用者的命运(胡壮麟、姜望琪，2002：29)。一方面，如果没有规定，语言就会快速发展，"如实"地描写语言就会因缺乏系统性而变得一团糟，最终会造成交流的失败；另一方面，规定也可以控制语言变化的速度和范围。

那么对于中国作者撰写的学术论文摘要来说，摘要作为一种文体，为了实现其学术交流和国际承认的功能，对其基本结构和组成成分还是应该进行统一规定的，中国学术论文撰写的规范工作开始得比国际上晚，在这种情况下，应该多花一点时间在"规定"上。国际上有相关的规定，就应该遵守；否则就会制造混乱，影响自己学术文献的发表和收录。但是，对于撰写摘要使用的"中国英语"这种英语变体，在词汇和语法等方面与英语本族语者的"标准"英语有明显差异，我们对这种差异是应该加以容忍，对其进行描写和具体化？还是应该像有些西方学者建议的那样通过对中国人继续进行有效的英语教学，用"规定"的方式来减少直至消除这些差异？对此，本书作者同意"中国英语"变体是客观存在的，认为其作为一种语言变体也是有生命力的，不会人为地造成消亡。毕竟语言学这一学科特点的本质是描写而非规定，而且合理的规定也应该是“有一定弹性的，要宽松一点”（胡明扬，1993）。另一方面，基于语料库的分析都是量化的、统计的。语言研究量化的目的在于对各种语言现象进行全面细致的描写，而描写的目的则在于对语言现象作更深层次的解释，进而加深对语言和语言规律的认识。因此还是应该把“中国英语”作为一种英语变体，对其各层面上的语言特点用科学方法进行详细清晰的描写和阐释，这样更符合语言发展的规律。此外，如果使对“中国英语”的描写在国际上广泛传播和交流，也有助于学术文化等方面的国际交流能够在相互了解的基础上摆脱狭隘而变得更加宽容，让国际上的学术“规范”变得更宽松合理，从而有助于中国在国际学术交流中的成功。

第三节
单一标准还是多元标准？——两种视角融合在一起

“规定”与“描写”之争和“单一标准”与“多元标准”之争是相互关联的。夸克（Quirk）凭借他在 1962 年出版的《英语的运用》(*English Usage*）一书，成为当代率先讨论世界英语“标准”概念的学者之一。后来在 1989 年，英国学者托尼·费尔曼（Tony Fairman）在《今日英语》上发表文章对当代英国英语界的几位著名语法学家如伯明翰大学的辛克莱（John Sinclair）教授以及当代权威语法著作《英语语法大全》(*A Comprehensive Grammar of the English Language*）的四位编者伦道夫·夸克（Randolph Quirk)、悉尼·戈林鲍姆（Sidney Greenbaum)、杰弗里·利奇（Geoffrey Leech）和斯瓦特维克（J. Svartvik）作了点名批评，说这些语法学家只是在“描写一种具体的英语，却片面地把这种英语视为“标准”。费尔曼认为这完全违背了英格兰和威尔士科教部分别于 1975 年和 1988 年颁布的 *Bullock Report* 和 *Kingman Report* 中要求教师尽可能让学生学习各种英语用法以适应不同环境需要的精神（Fairman，1989a)。针对费尔曼提出的问题，《今日英语》对戈林鲍姆、辛克莱（Sinclair）以及美国伊利诺依大学的丹尼斯·巴伦（Dennis Baron）教授和英国语言学家戴维·克里斯特尔（David Crystal）等人进行了专门访谈。戈林鲍姆说他自己并不否认研究各种非标准英语的价值，但“标准英语”是公众公认的各种变体中最有“声望”的一种，《Kingman 报告》中所规定的教学任务之一便是让学生学会标准英语，这与尊重学生们说自己的非标准方言并不矛盾。辛克莱则认为费尔曼的指责是“莫须有的”，并拒绝对之作出答复。巴伦的回答对费尔曼的立场作了充分肯定，但他认为语言研究并不是一个简单的“规定”与“描写”的矛盾所能说清楚的，因为“至少就英语而言，描写规则对英语使用者来说便成了规定”（Baron，1989：11）。看了几位语法学家的回答以后，费尔曼接着又以《镜子中的英语》（*English through the Looking Glass*）为题从“标准”的含义和德尔·海姆斯（Dell Hymes）的“交际功能理论”等方面重申了自己关于任何语言或方言都处于平等地位的观点以及他对语言规范化的看法等问题（Fairman，1989b）。

费尔曼对“标准”的争论只是一个开端。随着英语自身的发展和在全球的扩张，越来越多的非英语国家，特别是原英国的殖民国家，宣布自己的“英语”“独立”。特里帕蒂（Tripathi，1992）在其文章《英语：选定了的语言》中详细地描绘了这种状况：先是尼日利亚英语研究协会在1979年年会论文集的“前言”中，该论文集主编乌巴哈克韦（Ebo Ubahakwe）指出，“尼日利亚英语作为一种英语变体，应该同美国英语、澳大利亚英语、英国英语、加拿大英语和罗德西亚英语等变体相提并论”（引自Tripathi，1992：4）。日本铃木贵男（Takao Suzuki）教授也反对将英语视为英语国家人民的“独有财产”的观点，主张将“与日本本土相关的内容和其他非英语文化现象”置于英语的“形式”之中（出处同上）。里德亚诺维奇（M. Ridjanovic）也在一篇论文中诘问“如果有巴基斯坦英语，那么为什么不能有南斯拉夫英语”（引自Medgyes，1992：340）。对这些要求英语“多标准”的呼声，很多来自“英语国家”的学者已经感到了“英语”的“标准”地位受到了挑战，为世界英语标准“恶化”深感忧虑，并且振臂高呼“英语危机”（参阅姜亚军，1995）。

主张“唯一标准”的代表人物夸克出于对这种“危机”的忧虑，呼吁维护英语的母语标准，而“世界英语”（World English）的创造者卡奇鲁则主张承认并接受这些国家和地区的不同“标准”。两人一同卷入一场著名的论战之中。在他们两人共同参加的1985年英国文化委员会会议上，夸克更为鲜明地阐述了自己的观点。他说："对标准的蔑视是得不到任何减缓性补偿的"（引自Tripathi，1992：5）。1992年，卡奇鲁又发表文章对夸克的"保守主义思想"作了批判。虽然争论还在进行，但随着卡奇鲁建立在多元标准之上的同心圆学说被更多人接受，"多标准"的事实已经有目共睹（特别是在"外圈国家"）。在1985年英国文化委员会会议上，克雷姆·肯尼迪（Graeme Kennedy）曾这样说道：

> 事实上，最终起决定作用的是英语的使用者如何做，而不是少数精英想让他们如何去做。（出处同上）

对于学术论文英文摘要的写作，中国作者是应该完全依照来自英语国家的专家制定的语言标准来写作？还是可以在"多元标准"的框架下使用"中国英语"而不被国际社会排斥？本书认为"单一标准"和"多元标准"并非绝对对立，可以看成是一个问题的两个方面，或者同一问题的不同层次。英语因其多种政治、经济、历史因素拥有现在这种国际通用语的地位，不论"单一标准"还是"多元标准"，其根本目的都是为了更好地服务于国际交流。统一标准的确立有助于统一认识，英文摘要的写作要有其评判的标准，这决定其本质特征，诸如什么样的时态会经常出现在什么样的语步中；什么类型的词汇更适合出现在论文摘要中；从科学的角度来讲，什么样的搭配或类连接更加合理，更符合摘要语体的要求，只有在这些问题上统一认识，才有助于国际学术交流，否则就会造成不必要的疑问和混乱。但任何标准都不是绝对的，我们只能说采用什么样的语言形式更好或更普遍，但由于使用语言的主体——"人"本身在生理、文化和思维等方面就是有差异的，所以即使使用同一种语言，也必然会在用法和习惯上体现出差异，才会产生语言变体，对于这一点社会语言学中的语言变异理论能够充分地证明。所以"多元"的标准可以在"统一"的框架内进行参数的微调，从而能够灵活处理具体出现的问题，更好地解决冲突和矛盾，加深相互了解和认识。其实，随着国际学术交流的广泛深入，越来越多的来自英语国家的学者对“中国英语”这种英语变体的语言特征感到习以为常，觉得可以接受。这正说明“多元”的标准可以转化成一种“开放”的心态，正有助于学术视野更加开阔，学术交流更加顺畅。

第四节
中国英语和母语思维——用英语表达母语环境下的思维成果

世界上讲英语的人数虽然还远不及讲汉语的人数，但在世界语言之林中，英语的主导地位可谓已经“深入人心”。甚至现在有人还期待着它成为“唯一的国际语”（Quirk，1982：37-53）。对于英语的“进口国”来说，英语教育无疑是打开西方世界特别是英美现代科技和工业技术之门的一把金钥匙。卡奇鲁在《世界多元英语：痛苦与欣喜》一书中对这一现象进行了描述：“英语的多中心化现象令人叹为观止，而且在语言学史上是前所未有的。它提出了关于多元化、语码化、身份、创造性、跨文化沟通性以及权力和意识形态等方面的问题。英语的普泛化和这个语言权力的到来是有代价的。对一些人来说，其影响令人痛苦，而对另一些人来说，这种影响令人欣喜若狂”（Kachru，1996：135）。根据卡奇鲁“世界多元英语”的英语扩散模型，世界上以英语为母语的国家主要有英国、美国、加拿大、澳大利亚和新西兰等所谓“内圈”国家，而以英语为官方语言或官方语言之一的“外圈”国家据不完全统计也已经达到了66个。①

而中国处于同心圆中的“扩展圈”部分，虽然把英语看成是一门“外语”（foreign language），不是“母语”（mother tongue）、“本族语”（native language）、

① 参见 http://en.wikipedia.org/wiki/List_of_countries_by_English-speaking_population。

“第一语言”(first language),也不是“第二语言”(second language),但在中国,英语的重要性随着全球化进程的加快变得更加明显,已经开始引起中国政府的高度关注,英语学习、英语教育以及英语使用情况等已经成为国家语言生活的重要参考因素,可以说英语已成为本地文化的重要组成部分。但是正如阿布泰金(Alptekin,1993)所指出的一样,如果没有具体的社会环境因素与之相匹配,语言绝不会独立地发挥作用,“中国英语”这种英语变体正是英语与中国文化产生影响和相互作用从而发生本土化的集中体现。所以中国的英语学习者和使用者在学习英语这门“外语”的过程中也必然要受到母语文化思维的影响,不可避免地会借助母语的规则。

这里又回到了产生“中国英语”的社会根源的问题上。语言作为社会生活的产物,必然与社会文化生活产生相互作用。任何语言的研究都不能脱离社会环境这一基石,对于中国英语来讲,一方面中国人在学习英语这门外语时,其母语作为一种已经获得的极为稳定的知识和习惯,必然会对目的语的学习施加影响,其母语(汉语)思维方式会影响(促进或者限制)目的语(英语)的学习和掌握。反映到英语文章的撰写上,会带有母语思维的“烙印”。另一方面,对大多数人来讲,学习英语这门“外语”最重要的目的之一就是要用它表达自己在母语环境下的思维成果,而作为思维外壳的语言,无论是母语还是外语,不带有深深的母语思维烙印是不可能的。所以在学习和使用外语的过程中(如撰写学术论文的英文摘要),英语及其所依附的英语思维在与母语及其所依附的母语思维的竞争中处于弱势地位是必然的,英语思维和母语思维在此过程中相互冲突,相互融合,最终在母语国家产生一种新的带有母语思维烙印的英语变体是非常自然的。但不论这种变体如何发展,其目标都是为了更好地满足国际交流的需要。面对当前这样一个全球化的时代,一方面中国需要掌握英语这种“国际通用语”来加强国际交流;另一方面也不会在这种文化冲击下失去“本真”,而“中国英语”则会有利于中国人在国际事务中发挥积极的作用,发出自己的声音。

所以对于“中国英语”的认识关键在于英语使用者的态度，也就是他们采取一种什么样的语言观。“中国英语”变体是世界英语大家族的一员，而英语的使用者，不论来自同心圆中的哪一个圈，都应该持有一种包容、开放和发展的语言观，这样才有助于人们共同应对挑战，克服困难，从而共同进步，共同发展。

本章在社会语言学的语言变异理论和语言与文化相对论的基础上讨论了英语在使用地域、范围不断扩大，使用人数不断增长，以及语言内部语法、词汇、搭配等方面不断发展变化的情况下面临的方法论层面的挑战，主要体现在“规定”和“描写”，“单一标准”和“多元标准”以及英语和英语变体这三种对立统一关系的认识上，为以下各章奠定了理论基础。国际上对“世界英语”的研究，始于20世纪70年代晚期和80年代早期，这些围绕世界多元英语的语言学领域的研究采用的方法包括“英语研究”法、“社会语言学”法、“应用语言学”法、“普及推广”法以及“批评语言学”法（博尔顿，2011：52）。这些方法并不是孤立的，而是相互重叠，相互交叉。在开始阶段，研究者主要是通过使用普通语言学和社会语言学研究方法来讨论New Englishes（新复数英语）的特征，强调对变体的语言学描述。到了80年代中期，卡奇鲁等人力图把世界多元英语研究纳入一个全面的全球分析框架之内，虽部分地保留了语言学研究的特征，但超越了语言特征描述的界限，进入了对世界多元英语话语的社会历史学、社会政治学和意识形态基础进行的讨论之中。他提倡用“社会现实”的方法来研究世界多元英语（1992），建立了包括“英语同心圆三圈”模式在内的一系列世界多元英语模式。

本书基于这个全球分析框架，来研究“中国英语”这一英语在发展变化中与中国语言文化相交融的本土化的新兴语言变体，在中国作者的学术论文英文摘要中的明显体现。对于这种语体的认识，采用在规范摘要写作的前提下对其语言特点进行描写的方法，这种描写应主要集中在共同标准下与母语为英语的人所撰写的相同文体之间的语言差异及其多元性上，并对这些差异及其多元性进行社会文化的阐释，从而增进语言使用主体之间的相互了解，创造灵活、宽容的国际交流环境，使中国英语变体能够成为中国学术交流的“利器”。

第三章

基于语言变体理论的一项专题研究

> The landscape belongs to the man who looks at it.
>
> ——Ralph Waldo Emerson
>
> 风景属于看风景的人。
>
> ——拉尔夫·沃尔多·爱默生

由前面讨论可见，在目前阶段，中外学术界对于中国英语作为“英语本土化产物的语言变体”概念上还未达成一致，这一领域的研究大都停留在“定性”阶段，实证研究也尚未形成体系。本书作者认为，除了加强对中国英语的理论探讨之外，更应该着手这一领域的实证研究，为进一步研究这种新兴的英语变体提供更直观、更科学的材料储备，而语料库语言学正可以为这方面的研究提供有效途径。

我们知道，语料库语言学家主要是通过建设语料库和数据库研究语言变体的。近年来，语料库建设的蓬勃发展已经为英语变体尤其是中国英语变体的研究提供了重要的技术和物质支持。1990 年，戈格鲍姆领导设计了国际英语语料库（International Corpus of English，ICE），用来横向比较不同国别和地区中的英语变体，特别关注句法和词汇特征（转引自 Bolton，2003）。目前已经有超过 23 个国家和地区的专家参与。①但该项目只有部分香港英语的资料，并没有涉及中国大陆英语。而中国专家也开始启动中国英语语料库的建设，近几年同样发展迅猛。目前已经建成了中国学习者英语语料库（Chinese Learner English Corpus，CLEC），中国学习者英语口语语料库（College Learners’ Spoken English Corpus，

① http://ice-corpora.net/ice/index.htm.

COLSEC），中国学生英语口笔语语料库（Spoken and Written English Corpus of Chinese Learners，SWECCL），中国英语新闻语料库（China English News Articles Corpus，CENAC）等，这些都可以成为国际英语语料库中国分库建设的基础。

上述前三个语料库是中国目前三大学习者语料库。《中国学习者英语语料库》（桂诗春、杨惠中编著，上海外语教育出版社 2003 年版）是国家社科基金“九五”规划项目重要组成部分，是中国第一部中国学习者英语语料库。该语料库由我国中学生、大学生的一百多万词的书面英语语料组成。编者将库内所有的语料进行语法标注和言语失误标注，工程十分宏大，是世界上第一部正式对外公布的含有言语失误标注的英语学习者语料库。《中国学习者英语口语语料库建设与研究》（杨惠中、卫乃兴编著，上海外语教育出版社 2005 年版）也是国家社会科学基金资助项目，包含 70 万容词量和语音、语调、话轮、话语结构等学生的口语信息，包括中国学生的英语发音错误特征、口语中的话语结构特征、词块使用特征和会话策略特征等。《中国学生英语口笔语语料库》（文秋芳、王立非、梁茂成编著，外语教学与研究出版社 2005 年版）是北京外国语大学中国外语教育研究中心的资助项目，是国内首个大型英语专业学生口笔语语料库。它包含 1000 余个珍贵的口语语音样本、100 万词的语音转写文本、100 万词的书面作文样本和语料库简介。所有文字样本均经过词性赋码，可供大、中、小学英语教师和大学生、研究生、社会各界英语爱好者进行英语教学研究和学习使用，也可作为教材编写、教学测试、师资培训、网络课程建设等的重要参考依据。

尽管中国英语语料库建设已取得较大成就，但语料库的规模还很有限，语料也需要与时俱进、不断更新；另一方面，目前基于语料库的中国英语研究也还很有限，而且现有的研究一般是通过数据统计的方法研究了语言学中某个方面的现象，如研究中国英语新闻中主题词、标题的特征，分析词汇与主题表达的关系，以及词汇运用的语言学特点，但仍然不能构成体系，对词汇选取和搭配、类连接及典型句法结构提取等语言问题缺乏深入探讨；而且还缺乏与以英语为母语的国家英语语料库中相关领域的实证性对比分析；此外，目前国内外与英文摘要相关的研究大都还是围绕宏观的写作规范或者是某一专业（医学、林业、体育、工业工程、航空航天等）论文的英文摘要语体或体裁特点分析等方面展开，而把中国作者学术论文的英文摘要当作一种英语变体进行的综合研究还不多见。

第一节
研究思路

中国英语变体在世界英语大家族中还属于新兴的英语变体，就笔者所能了解到的，目前为止基于语料库的中国英语研究还很有限，而且现有的研究一般是通过数据统计的方法研究了语言学中某个方面的现象，如被动语态、情态配置等，但还不能构成体系。而本研究是从学术论文摘要这种文体切入对中国英语变体的研究。

具体研究思路是：从学术论文摘要文体入手，先抽取不同专业下中国作者撰写的学术文摘，建立中国学术论文英文摘要语料库；再抽取对应专业的英语本族语者撰写的学术论文摘要，建立英语国家作者学术论文英文摘要语料库；去除头信息，形成仅保留文本内容的中英作者学术英文摘要对比语料库；运用提取统计软件，对语料库文本进行词频统计、句子切分和关键词检索；提取不同长度的词丛，并通过对比不同长度的词丛表筛选出语料库中独特的词丛；还要用已获得的关键词表和典型词丛等数据，在语料库中作语料库索引分析，以总结不同方面的语言特点，同时观察其实际应用，并进行分类和评价。

最终，本研究要做这样几件事情：首先，建立中国学术论文英文摘要语料库和英语国家作者学术论文英文摘要语料库；然后对语料库的宏观语言概貌进行描述，在语言变体的层面进行特征对比；还要得出中国作者学术英语关键词表和英语国家作者学术英语关键词表；在语域的层面，对不同专业的英文摘要进行语言特征对比、分析和评价，形成各专业的英语关键词表并得出各专业的关键词丛；在语言变体和语域的对比总结基础上，梳理中国英语变体在学术论文摘要中体现出的语言学特征，并进行分析和评价；最后，对中国英语变体的发展进行预测和展望。

总结起来，本研究就是从学术英文摘要语体出发，通过不同英语变体和语域的横向、纵向对比，梳理总结中国英语变体在论文摘要中体现出的语言学特征，并基于总结出的特征进行分析、预测和评价。

通过对中外语言特征进行这样的对比研究，可以在共时的平面上，探索从学术论文摘要中体现出的中国英语在各层面的较为稳定的语言特点，能够为中国英语研究提供更为直观、更加科学的材料储备，以便更新现有中国英语变体语料库资源，扩大其规模。此外，通过建立和对比相应语料库，定量分析英美英语相应层面上的语言学特征，可以发现中国英语与世界的融合程度和中国英语变体对英语的补充和发展程度，为语言监测工作作一些贡献，为中国语言生活提供重要参考。还可以为基于规则的英汉机器翻译提供更多的语料库数据支持。另外在语用方面，可以为中国英语学习者和使用者尤其是学术论文作者提供更多更新的对比语料实例，有助于培养其语言意识，从而提高中国英语使用者的交际信心和熟练程度。更重要的是，这一研究还有助于提高中国英语的传播效果，使中国作者写出的文摘更易于让世界人民理解，从而有益于中国科研领域的研究进展在国际上的传播。

以上内容既是此项研究的意义，也是其目的所在。用一句话来概括，本研究正是在前人研究总结和归纳的基础上进一步明晰学术英语摘要中的中国英语变体特征的一次有效尝试。

第二节
研究方案

基于以上的研究思路和研究目的，笔者开始进行研究。需要指出的是，此项研究的目的不是要为中国英语作为一种英语变体进行强烈的“声明”，毕竟几十万词次的语料库并不足以从各方面全方位地描述一种变体的语言学特征。在这里笔者只是想通过此研究来彰显中国英语语言变体中的一些重要趋势并且指出其与英语本族语者英语的一些差异。

一、研究对象

考虑到学术文章不同学科的语言特点，研究选取文科类中的法学和新闻传播学，理工类中的生物学和计算机科学，另选兼具文理特征的跨学科专业计算语言学建立五个分类子语料库，每库分别选取中国作者学术论文英文摘要和英语国家作者的学术论文英文摘要各 200 篇，五个子库总语料规模为 2000 个文本。

二、研究方法

首先，建立一个英文文摘对比语料库 AAC（Academic Abstracts Corpus），并注明摘要出处。比伯（Biber，1993）曾经强调指出合适的语料样本远比语料规模更重要。在选取语料时，中国作者的英文摘要全部选自各专业所认定的国内核心期刊（CSSCI）或是具有国际影响的会议期刊（如国际计算语言学协会 ACL

的会议论文），而英语国家作者的英文摘要也选自各专业的核心期刊（所选取的各专业期刊名录详见附录 1）。

在收集语料的过程中，由于所有中国作者的英文摘要（Chinese Abstracts）均来自于 CNKI 2001 年以来的各专业核心期刊论文，所以从姓名可以判断作者中国人身份；在判断另外 1000 篇英文摘要（English Abstracts）的作者是否是英语本族语者时，主要依据以下几方面：

（1）考察作者的通讯地址是否在英语国家（美国、英国、加拿大、澳大利亚、新西兰）；

（2）考察作者姓名是否有明显的其他国家和民族的特征；

（3）考察作者名是否是典型的英语国家人的名字。（排除典型非英语国家人名，如以下姓名：Werner Schneider，Magdalena Zoeppritz，Fernando Pereira，Julieta Fernandez，Randall J. Calistri-Yeh，Lee-Feng Chien，James Huang，Pin Ng，Bonnie J. Dorr，Jye-hoon Lee，Dekang Lin，Sungki Suh，Megumi Kameyama，Hang Li，Naoki Abe，Jorg Tiedemann，Cem Bozsahin，Sabine Schulte Walde，Samir S. Patel，Afra Alishahi 等）。

如果通过上述标准仍然难以判断，则放弃此篇语料。各子库的 400 篇英文摘要的原始语料均保留头信息，包括文章题目、作者信息、文章来源和发表时间等。

原始语料经过用 C# 语言在 Visual Studio 2008 环境下编写的去头信息程序过滤后，形成仅保留文摘内容的文本；运用提取统计检索工具 AntConc 和语料处理软件 HC-YLCL 对每篇文本进行词频统计、句子切分和关键词检索。

在分析语料时，运用以词丛（word cluster）的复现频率为主要依据的统计方法，通过软件在语料库中利用关键词提取不同长度的词丛，并通过对比词丛表筛选出语料库中独特的词丛群。所谓词丛，即在文本中以固定的组合关系（或位置）重复出现的两个或两个以上的词形。词丛现象体现了语言运用的预制性、惯例性及模块化特征（李文中，2007）。通过应用语言学的研究发现：一方面，由于多词词丛的预制性和重复性，在语言运用中有效使用多词词丛会显得更地道，也就是说，对词丛的研究有助于有效地发现语言变体的典型特征；另一方面，虽然语言变体中的词汇也能体现其特征，而且已有学者通过研究认为各种英语变体主要区别在于能体现各自特色的词汇。词语的选择固然重要，但词语像人类一样也会聚群，所以更重要的应该是如何运用它们、组合它们，以及用它们如何交流和传递信息。而词丛正是介于篇章和词语之间的一个重要单位，也是意义单位的重要载体，是体现英语在各国本土化的一个重要参数。

具体来说，利用语料处理软件分别用每个专业的中国学术论文英文摘要语料库（Academic Abstracts Corpus_Chinese，AACC）和英语本族语者学术论文英文摘要语料库（Academic Abstracts Corpus_English，AACE）生成多个对应的 n 词词丛（$2 \leqslant n \leqslant 15$）。在语料处理时，计算每一词丛的复现频率，并计算词丛的分布信息。利用 Wordlist 功能生成索引文件，并利用该文件再生成所需的各种长度的词丛表。然后要将两个语料库的各个 n 词词丛表进行对比，以获得两种英语变体的语言特征（包括典型词、短语、类连接和句法结构）。

本研究对词丛长度最大值设定为 15 词，这是因为统计语言学把语言交际的过程看成是一个随机过程。在随机试验中，考虑各语言成分出现概率不互相独立，每一个随机试验的个别结局依赖于它前面的随机试验的结局，这种链就是马尔可夫链（Markov chain）。考虑前边 n 个语言成分对后面语言成分出现概率的影响，能够得到 n 重马尔可夫链。随着马尔可夫链重数的增大，每个重数大的语言成分的链都更接近于有意义的自然文本。马尔可夫链的重数极限就是在语法上正确的自然语言文本。有人通过实例说明为了反映这种相关性，至少需要 15 重马尔可夫链，而且在很多情况下，重数还要更大。我们不妨考虑把能对后面语言成分产生影响的 15 个词的词丛作为最大词丛长度，也许我们会发现这样长度的词丛在拥有成千上万个词的大规模语料库中复现频率很低，这里我们还需要更多的统计论证，由少到多地考查词丛复现频率较高的词丛长度。

在研究中，还要通过计算和对比两个词表中每个词丛的频数和百分比，以得到该词丛的“关键值”（keyness），并应用对数或然性检验（Log Likelihood Test）标出对数显著水平 p 值。通过这种方法获得的词丛，可被看作各专业学术文摘中独特的词丛，把它们输入数据库，以便作进一步的分析和计算。

最后，还要用已获得的典型词丛，在语料库中作语料库索引分析，以观察其实际应用，并进行分类和评价。

第四章

语言总体特征描述和对比分析

> It is impossible for an Englishman to open his mouth without making some other Englishmen despise him.
>
> —— George Benard Shaw
>
> 英国人只要张口说话就不可避免地会受到其他一些英国人的鄙视。
>
> ——萧伯纳

我们建库的宗旨是使语料库能作为一种可以代表英语变体的有效参考。语料之所以选择论文摘要，是基于以下的考虑：当前中国大陆已经把英语纳入基础教育和高等教育的必修课，人们从幼儿园到大学都要把英语知识和能力作为重要学习任务和教学目标之一。社会上传播媒介中的英语报道和英语读物广为常见。电台、电视台都设有英文频道全天用英语播报，平面媒体方面也有中国出版的英文报刊。但是目前这些媒体机构也会雇佣母语为英语的外国人作为记者、主持人、或是撰稿人，这些都说明中国的国际化水平在提高，所以仅从这些新闻语料中很难辨识出其作者是本土的中国人还是母语为英语的外国人，抑或是在英语环境中长大的华裔外国人，因此为大众所熟悉的新闻传媒语料中的英语语料并不能反映出典型的中国英语变体的特征。而学术论文语料可以从出处、作者的通讯地址，作者姓名等途径判断语料的作者是否来自中国，可控性比较强，而且摘要是论文中的精华主旨部分，其地位和作用的重要程度在先前已经指出，因此选取摘要语料来研究中国英语变体更为合适。当然德克勒克（de Klerk）曾指出其实语音、语调、重音更能区别英语变体，而不是词汇的选择（2006：55），而且并不是完全正确的英语才可以被认为是英语变体（de Klerk，2006：17）。但是在国际学术传播尤其是论文发表的过程中，首先是“见其文”，然后才是“闻其声”，所以研究论文摘要对于学术传播作用更大一些。

本章将详细描述从学术论文英文摘要语料库AAC中体现的语言学特征，旨在通过中英作者的英文摘要对比，总结出一些典型句法特征和词汇搭配。

第一节
总体语言概貌

表 4-1 是学术论文英文摘要语料库 AAC 的总体概貌表，表 4-2 是中国学术论文英文摘要语料库 AACC 和英语本族语者学术论文英文摘要语料库 AACE 的总体篇幅比较表。如这两表所示，在词数方面，英语国家的作者撰写的英文摘要 AACE 词例数为 162637，词型数为 130274，平均每篇 162 词、6 句；1000 篇语料文本中篇幅最长为 600 词，篇幅最短为 40 词。而中国作者撰写的英文摘要 AACC 词例数为 128641，词型数为 11069，平均每篇 128 个词、5 句；1000 篇语料文本中篇幅最长为 524 词，篇幅最短为 26 词。

表 4-1　学术论文摘要语料库 AAC 总体概貌表

语料库	词例数	词型数	型例比	总句数
AACC	128641	11069	8.6%	5253
AACE	162637	13027	8.0%	6543
总　计	291278	24096		11796

表 4-2　AACC 和 AACE 篇幅统计比较表

语料库	平均每篇词例数	平均每篇句数	最长篇词数	最短篇词数
AACC	128	5	524	26
AACE	162	6	600	40

这说明母语为英语的作者撰写的摘要语言的总体规模要大一些，在篇幅上也表现出平均每篇论文摘要的词数要多一些，单句词数也比中国作者的英文摘要多一些。此外，运用停用词表和统计提取工具 AntConc，将两库去除没有实在意义、不能独立承担句子成分的虚词（功能词 functional words），包括冠词、介词、连词和感叹词，同时也去除助动词、情态动词和数词等，得出 AACC 和 AACE 去停用词后的实词（内容词 content words）概貌比较表（见表 4-3）。由此表可以发现，英语本族语者撰写的英文摘要实词的词例数和词型数均多于中国作者的英文摘要，而且前者实词所占的比例也稍大，这能够说明 AACE 的信息量更大。

表 4-3　AACC 和 AACE 去停用词后的实词概貌比较表

语料库	实词词例数	实词词型数	实词词例所占比例	实词词型所占比例
AACC	77140	10864	59.97%	98.15%
AACE	97648	12830	60.04%	98.49%

为进一步说明问题，作者选取计算语言学专业子语料库中的具有代表性的中国作者的英文摘要和英语本族语者的英文摘要各一篇（文本及对应中文译文如下）。通过对类似研究内容（词义消歧问题）的文摘对比可以看出，中国作者的论文摘要表述过于笼统，缺少具体的内容描述。例如，多会出现诸如“首先描述了词义消歧的研究目的；然后介绍了在多义上下文中如何准确预测词义的方法……最后对全文作出总结”这样的概括性的语句，却没有像英语本族语者那样会具体介绍研究的目的是什么，使用的方法究竟是什么样的，能得到什么样的结果，具体的数据是多少，实验最终的结论是什么等。通过这样的对比不难发现 AACE 使用的词汇会比较丰富，论文摘要的内容也显得更加充实。

AACC 实例（c10）

This paper gives a brief survey of word sense disambiguation（WSD）.

First the motivation of WSD is described. ***Next***, the methods of how to predict the intended sense for the polysemous words in the context are introduced. ***Third***, the evaluation of WSD system, Senseval /SemEval campaigns is discussed. ***At last***, the conclusion is given.（词例数 54，词型数 40）

本文简要研究了词义消歧问题。首先描述了词义消歧的研究目的；然后介绍了在多义上下文中如何准确预测词义的方法；接下来讨论了词义消歧的相关国际评测，包括国际语义竞赛；最后对全文作出总结。（译文词例数 90，词型数 60）

AACE 实例（e125）

A word sense disambiguator that is able to distinguish among the many senses of common words that are found in general-purpose, broad-coverage lexicons would be useful. For example, experiments have shown that, given accurate sense disambiguation, the lexical relations encoded in lexicons such as WordNet can be exploited to improve the effectiveness of information retrieval systems. This paper describes a classifier whose accuracy may be sufficient for such a purpose. The classifier combines the output of a neural network that learns typical context with the output of a network that learns local context to distinguish among the senses of highly ambiguous words. The accuracy of the classifier is tested on three words, the noun line, the verb serve, and the adjective hard; the classifier has an average accuracy of 87%, 90%, and 81%, respectively, when forced to choose a sense for all test cases. When the classifier is not forced to choose a sense and is trained on a subset of the available senses, it rejects test cases containing unknown senses as well as test cases it would misclassify if forced to select a sense. Finally, when there are few labeled training examples available, we describe an extension of our training method that uses information extracted from unlabeled examples to improve classification accuracy.（词例数 212，词型数 115）

一种能够辨别普通词汇诸多广泛词义的词义消歧软件是非常实用的。例如，实验证明，如果能够被准确消歧，就可以挖掘诸如词网这样的词汇中潜在的词汇关系来提高信息检索的效度。本文介绍了一种足以满足上述目的的分级器。这种分级器能够把学习典型语境的神经网络输出结果和学习具体语境的网络输出结果结合在一起对高度歧义的词语进行消歧。本分级器的准确率用三个词语来测量：名词 line，动词 serve 和形容词 hard，当被强制为所有的检测实例选择义项时，其准确率分别为 87%、90% 和 81%。如果没有被强制为所有的检测实例选择义项并用义项子集进项训练时，该分级器会拒绝包含位置义项的检测实例和在强制选择下分类错误的检测实例。最后，当可获得的标签训练实例所剩无几时，我们介绍了一种扩展了的训练方法，运用从未标签的实例中提取的信息来改进分类的准确性。（译文词例数 338，词型数 169）

但另一方面，中国作者的摘要平均每篇的词例数和句子数和英语作者的摘要相比区别并不明显，而且中国作者学术论文摘要语料库的型例比总体上要稍高于英语国家作者英文摘要语料库的型例比（8.6% vs. 8.0%），这说明虽然中国作者的摘要总体在用词方面词语使用数量较少，但单位篇幅的语料中，中国作者使用的词型数还稍多。

从图 4-1 和图 4-2，可以看到 AACC 和 AACE 两个语料库的内部构成。总的来看，在各学科子语料库的层面，每个专业中英语国家作者的词例数都要多于中国作者英文摘要的词例数；从学科的层面来看，理科论文摘要的词例数总是要高于文科论文摘要的词例数，这在 AACE 和 AACC 中都是如此。

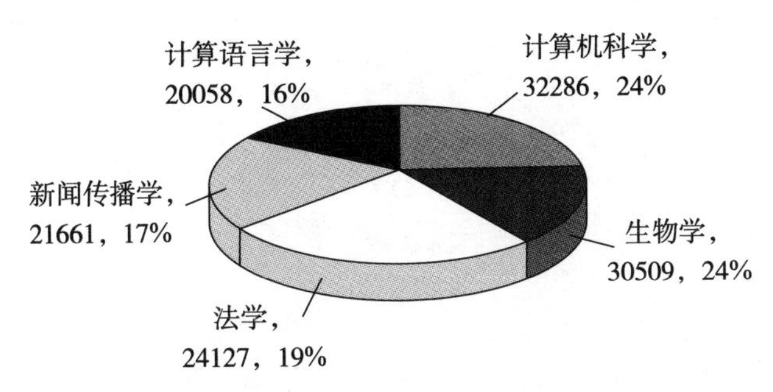

图 4-1　中国作者学术论文摘要语料库 AACC 内部构成图

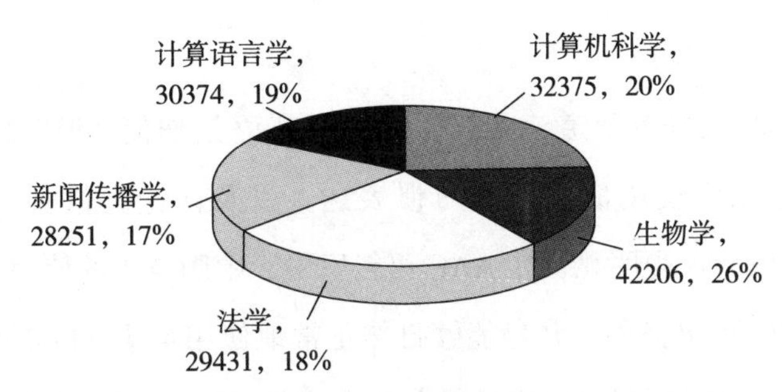

图 4-2　英语国家作者学术论文摘要语料库 AACE 内部构成图

第二节
语言特色

为了把英语说得更地道，人们需要知道英语是如何“说”的，即需要掌握英语社群文化中使用的程式和习惯表达，以及谈论类似观点的标准方式（Langacker，1983）。很明显，在AAC语料库中，中国英语的使用者已经掌握了很多这样地道的英语搭配，并且能够自然正常地使用英语（以申明英语语言群体的成员资格，可以顺利使用这种语言进行学术交流）。当然这并不意味着为了“地道”地使用英语，我们都要学习一些“陈词滥调”；恰恰相反，语言是有创造性的，但是人们喜欢新意的程度是有限的，而且总是喜欢把有创意的语言形式用熟悉的方式来呈现（Pawley，1985）。这里试图考察的正是这样一些语言形式的呈现。

一、时态和语态

学术论文中时态的运用有约定俗成的规则，例如，完成时用于陈述前人已经完成的研究；一般过去时用于描述作者完成的工作；一般现在时用于论述得出的结论，还用于陈述常识或者真理（Burrough-Boenisch，2003）。本研究所获得的结果和西方学术传统对时态的要求相一致，但同时也显示出论文摘要在时态运用上的一个新趋势——全文使用一般现在时，而且有超过一半的摘要全文使用一般现在时。表4-4描述了AACC和AACE两库使用过去时、现在时和完成时的情况。①

表 4-4　学术论文摘要语料库时态使用情况对照表

	过去时	现在时	完成时
AACC	1798	5983	370
AACE	2449	7884	617
对数或然性 LL 值	8.32	10.81	20.11
显著性 p 值	0.004	0.001	0.000

注：LL ＞ 3.84，p ＜ 0.05 可视为显著。

在语态方面，AACE 中多数句式采用了主动语态；6543 句中有 2647 句被动语态，占 40.46%。在 AACC 中，5253 句中有 2134 句被动语态句，占 42.62%。

以上结果说明在被动语态的使用方面中国作者的文摘和英语作者的文摘无明显差别（LL 值 0.02 ＜ 3.84，显著性 p 值 0.886 ＞ 0.05），都不倾向使用被动语态。这和滕真如、谭万成的研究结果（2004）是一致的，说明现在的学术论文摘要在语态选择上的趋势是顺其自然，不强调多用被动语态。

二、情态动词和情态序列

英语情态动词因其在语法和语义上所具有的特殊性，其使用一直是学者研究的一个重要问题（如 Aijmer，2002；Biber 等，1999；Halliday，1985；Hunston，2004；Mindt，1993；Quirk 等，1985）。从句法特征来看，情态动词常与助动词或实义动词结合，构成 “S+VM+do”（主语 + 情态动词 + 动词原形）的情态序列（Huston，2004；梁茂成，2008）。从语义上看，哈利迪（Halliday）早就指出其

① 此处没有统计将来时的使用情况，因为表示将来时的情况比较复杂，除用表示将来时的助动词 will 之外，还有很多结构表示将来时，如：be+going+to，be+to+do，be+doing 等，此外一些情态动词 + 助动词或实义动词，也可以表示对将来的预测和估计，以上可能的复杂形式难以准确统计。

可以表达人际意义（1985），而且多数情态动词一词多义，需要借助语境来确定其准确的意义（Mindt，1993）。

情态动词主要用来表达两种类型的情态意义：义务情态（deontic modality）和认知情态（epistemic modality）（Biber等，1999；Palmer，2001；Quirk等，1985；Sweetser，1990）。义务情态动词用来表达其主语的义务、需要或允许履行的行为，其情态序列如：有生命的主语+must+动态动词。而认知情态动词表达的是说话人对命题真值的判断，其情态序列如：情态动词+完成体，must+静态动词等。由此可见情态序列与情态动词所表达的意义有着密切的联系，而且已经有学者通过研究证明了这种强烈对应关系（Biber等，1999；Coates，1983）。因此可以通过研究情态序列的具体形式来判断所用情态动词的意义属性。梁茂成（2008）曾经总结出情态动词句式和情态语义的9种对应关系，其中有7种句式表示认知情态意义，只有两种表示义务情态语义（有生命主语+VM，VM+动态动词）。分析情态序列对研究语料的语言特点、语法语义特征都具有重要的意义。

首先，在EditPad Pro环境下，运用正则表达式\S+_VM\s分别检索出AACC和AACE两库中所有情态动词的频数，得出结果：AACC共使用情态动词1100次，AACE共使用情态动词1086次。然后，运用AntConc分别检索出两库中各情态动词的使用情况，再应用对数或然性检验标出对数显著水平p值，得出对照表如下：

表4-5 学术论文摘要语料库情态动词使用情况对照表

情态动词列表	AACC		AACE		对数或然性LL值	显著性p值
	频数	频率（%）	频数	频率（%）		
can	513	46.64	405	37.29	11.39	0.001**+
could	106	9.64	46	4.24	23.58	0.000***+
may	114	10.36	252	23.20	55.12	0.000 ***–
might	22	2.00	46	4.24	8.97	0.003 **–

（续表）

情态动词列表	AACC		AACE		对数或然性 LL 值	显著性 p 值
	频数	频率（%）	频数	频率（%）		
will	91	8.27	149	13.72	14.91	0.000***–
would	33	3.00	63	5.80	9.92	0.002** –
shall	22	2.00	0	0	#NUM!	#NUM!+
should	167	15.09	72	6.54	37.62	0.000***+
must	30	2.73	54	4.97	7.26	0.007 **–
need	3	0.27	0	0	#NUM!	#NUM!+

注：LL ＞ 3.84，p ＜ 0.05 可视为显著；* 代表显著程度，*** 表示非常显著，** 表示比较显著，* 则表示显著；+ 代表正显著，即相比较的两项前一项多于后一项，– 表示负显著，即前一项少于后一项；#NUM! 表示两项中数值不可比较，如其中一项为零。

从表 4-5 中可以清楚地看出，AACC 和 AACE 两个语料库单在情态动词的选择上就有显著的不同，中国作者在撰写学术论文摘要时，选用的情态动词相对集中在判断语义和义务语义强的 can，could 和 should，而英语国家的作者在撰写学术论文时会灵活地使用 may，might，will，would，而且值得注意的是 AACE 语料库中没有出现情态动词 shall 和 need。

在 AACC 中，情态动词 shall 出现 22 次，而且均出现在法律类论文摘要中，其中两例的主语是“we”，如句（1）；其余 20 例的主语均为第三人称名词，如句（2），语义上都表示决心、命令或指示，译成“必须”、“一定”或“应当”等。

（1）In order to make the court mediation return to proper status，we ***shall*** respect the characteristics of mediation and trial，eliminate the antagonism and seek the common development of both opportunities.（lc140）

为使调解回归应有状态，我们**必须**尊重调解和审判的特点，消除二者非此即彼的对立状态，寻求二者共同发展的契机。

（2）The shortcomings ***shall*** be corrected in the future legislation.（lc83）

我国今后在修订保险法的时候**应当**删除责任保险立法中相互冲突的条文。

现代英语在表示将来时时，shall 和 will 的传统区别几乎不复存在，shall 几乎不怎么用于将来时，尤其是在北美。而且不论是北美英语还是英国英语，在陈述句中使用 shall 的情况极为罕见，听起来也有些过时。人们更可能会说：We ***will*** refine the international law against... 而不用 shall。在英国英语中，shall 虽与 I 和 we 连用，但仅限用于疑问句，在口语中表示提出建议或提供帮助，而不会出现在学术论文摘要等正式的问句中（Huddleston 等，2002；Mindt，1993；Quirk 等，1985）。如：

Shall we order some fish？ 我们点些鱼吧？

I'll drive，***shall*** I？ 我来开车，可否？

关于 need 的用法，此词既可以做情态动词，也可以做实义动词。在做情态动词时，经常用于 need not have done 这个序列中，表示没有必要或询问是否有必要的“需要”，很少用于肯定句。而在北美英语中，need 仅作实义动词。因此在英语国家作者学术论文摘要语料库 AACE 中找不到 need 做情态动词的形式，need 共出现 119 次，有 61 次作实义动词，其余 58 次是用作名词，常用的结构为“need（VVI）to do”，和“need（NN1）for”。而 AACC 的 91 例 need 中，有 3 例是用作情态动词，如句（3），还有 51 例用作实义动词，37 例用作名词。而且在 need 做实义动词时，need 以被动语态的形式，如句（4），出现的情况少于 AACE（在 AACC 中只有 9 例，而在 AACE 中有 27 例，LL 值 5.69，显著性 p 值 0.017）；但 need 的第三人称单数形式，如句（5），明显多于 AACE（在 AACC 中有 19 例，而在 AACE 中有 7 例，LL 值 8.92，显著性 p 值 0.003）。这说明本族语者多用实义动词 need 的被动语态形式，而中国作者多使用 need 的现在时主动语态形式。

（3）We not only ***need*** find and clear the various syntactic ambiguity phenomena，but also ***need*** understand the structure for human to process syntactic ambiguity successively.（c1）

我们不仅**需要**发现并弄清楚各种各样的句法歧义现象，更**需要**发现人顺利地加工句法歧义的结构。

（4）Further comprehensive phylogenetic and comparative studies are ***needed*** to confirm the proposed hypotheses regarding selection，ecology，and function.（ce110）

要确认所提出的有关选择、生态和功能的假设，还**需要**进一步综合的系统研究和比较研究。

（5）To save its test effort，one ***needs*** to solve the partial coverage test suite reduction problem.（cc73）

为降低其测试工作量，**需要**解决部分覆盖用例集约简问题。

梁茂成（2008）在研究中国大学生英语笔语情态序列时通过对比数据发现中国英语学习者过多地使用表示义务的情态动词（A 类）：can，will，must，should，而较少使用表示认知推测的情态动词（B 类）：could 和 would。通过对比学术论文摘要语料库中的情态动词使用情况发现中国作者确实有过多使用 can 和 should 的情况，但是 will 和 must 却明显比英语国家作者用得少。另一方面，虽然中国学术论文作者明显少用 B 类情态动词 would，但 could 的使用频次却明显高于英语国家作者。产生这种研究结果差异的原因可能包括以下五个方面：

（1）本研究语料库 AACC 收集的是中国学者撰写的学术论文英文摘要，其写作主体是中国学者，而不是中国的大学生，不是为备考大学英语四、六级的英语学习者。经过专业学术训练的中国学者的英语水平总体上应该高于中国在校大学生的总体水平，其中介语的痕迹相对不明显，所以写出的英文会有所差异。

（2）从语料库的内容上看，AACC 是学术论文的摘要，而不是学生应试的议论性作文，写作文体及风格上的差异也会导致结果的不同。

（3）从语料库的规模上看，AACC 语料库规模为 128641 词次，而中国学习者英语语料库的规模为 381477 词次，约为 AACC 的 3 倍，语料库规模不同与结果有差异的相关性还有待进一步的研究。

（4）从语料采集的时间来看，AACC 语料均为 2001 年之后，绝大部分语料来源于 2005 年之后，语料相对比较新；而中国学习者英语语料库始建于 1997 年，多数语料来源于 2000 年之前，语料相对陈旧。随着时代的发展，不排除中国英语学习者的英语水平在提高以及中国英语的语言使用特点在经历动态发展变化的可能性。

（5）两项研究结果有相同之处，不同之处是部分情态动词使用的频次对比的显著性。前文中已经提到，情态动词的表意十分复杂，有些词既有义务情态又有认知情态（A 类和 B 类）多重意思，单从情态动词的使用频数方面并不能完全说明问题，还需要进一步考察情态动词在上下文中和其他词语的搭配，考察情态序列能更好地说明问题。

基于此，笔者参考前人研究，列出所有可能的情态序列，利用正则表达式（见附录 2），得出表 4-6 所示的主题性最高的 10 个正主题词，即中国作者在撰写学术论文摘要时过多使用的情态序列（斜体词为例词，代表例词所属的一类词序列）。

表 4-6　中国作者学术英文摘要中过多使用的情态序列（主题性最高的 10 个正主题词）

排序	情态序列	句式举例	AACC 频次	AACE 频次	主题性	显著性
4	can VVI	*can induce*	245	170	36.91	0.000 ***+
2	can XX	*can't*（*can not*）	72	20	44.65	0.000 ***+
3	can XX VVI	*cannot compare*	47	8	40.52	0.000 ***+
8	PPIS2 can	*we can*	15	7	5.15	0.023 *+
7	could VBI	*could be*	32	21	5.61	0.018 *+
5	could VVI	*could participate*	61	19	34.14	0.000 ***+
10	could RR	*could also*	10	4	4.26	0.039 *+
1	should VBI	*should be*	91	32	45.02	0.000 ***+
6	should VVI	*should give*	58	23	24.95	0.000 ***+
9	PPH1 should	*it should*	9	3	4.71	0.030 *+

注：LL ＞ 3.84，p ＜ 0.05 可视为显著；* 代表显著程度，*** 表示非常显著，* 则表示显著；+ 代表正显著，即相比较的两项前一项多于后一项。

根据 CLAWS（Constituent Likelihood Automatic Word-tagging System）成分或然性自动文本赋码器标记集的说明，VVI 指代实义动词不定式；VBI 指代 be 动词不定式；PPH1 指代第三人称单数代词 it；PPIS2 指代第一人称复数人称代词 we；RR 指代普通副词；XX 指代否定词 not 或者 n't。

表 4-6 一方面进一步印证了中国作者在撰写学术论文摘要时，选用的情态动词相对集中在判断语义和义务语义强的 can、could 和 should 上，这和上面的情态动词使用情况得出的初步结论吻合。按照情态动词前、后句子成分的差异，表 4-6 中的数据可归纳为两大类：

（1）“情态动词 + 动词”序列，即情态动词（can、could、should）与无体标记的动词（如“情态动词 +induce”，而不是“情态动词 +have made”等）。

（2）“主语 + 情态动词”序列，这类情态序列主要是第一人称复数（we）和情态动词（can、could、should）构成的情态序列，而第二人称代词以及第一人称单数和情态动词构成的情态序列在本语料库中没有出现，这与语料的体裁为学术论文摘要有关系，分析参见后文人称代词的结论。另一明显的主语代词是无人称单数代词 it 和情态动词 should 构成的情态序列。

上述结果表明，中国作者的英文摘要多出现简单、口语化而且不易产生语法错误的“情态动词 + 无体标记动词”和“代词 + 情态动词”序列，原因可能是中国英语学习者对表示命令、义务的 A 类情态动词习得较多，基本用法掌握得较好。他们过多地使用这些表达式，表明对这些表达式的依赖，使中国作者不会轻易根据需要使用其他复杂的表达式，如“情态动词 +have reduced”序列。

比伯（Biber）等（1999）曾提出，英语书面语特别是学术文体中，can、should、could 等后面经常接被动语态，其中 can 和 could 后面接被动语态的情况更多，用来表达逻辑上的可能性，其目的是为了避免提及主要动词所表达动作上的施事者。由表 4-6 也可以进一步印证这一论断，AACC 中，could+be 情态序列中，94% 的“be”都是被动语态的标记（32 例中有 30 例）；在 should+be 的情态序列中，多数（85%）也是被动语态的情况（91 例中有 77 例）。而在 AACE 中，86% 的 could+be 情态序列也是被动语态的情况（21 例中有 18 例），也有 59% 的 should+be 的情态序列属被动语态的情况（61 例中有 36 例）。但从对比中可以看出，在 AACC 显著的情态序列 could+be 和 should+be 的情态序列中，虽然 be 是静态动词，但绝大多数情况（85% 以上）be 是被动语态的标志，而不是表示 B 类的认知意义；相比较而言，虽然 AACE 中 could+be 和 should+be 的情态序列并不显著，但相对较多的情况还是表示认知情态，这再次印证中国英语使用者更倾向于使用 A 类表示义务、命令的情态动词的特点。

三、人称代词和冠词

有研究者发现中国作者的英文摘要人称代词的出现频率低（何宇茵、曹臻真，2010），这在本研究中也得到了验证，如表 4-7 所示：

表 4-7　AACC 和 AACE 语料库人称代词使用情况比较表

人称代词	AACC	AACE	LL	p
we	336	816	109.47	0.000 ***–
our	114	244	22.73	0.000 ***–
it	606	477	60.51	0.000 ***+
its	318	197	64.13	0.000 ***+
itself	17	16	0.72	0.397+
they	89	216	28.93	0.000 ***–
their	192	420	41.95	0.000 ***–
themselves	8	23	4.48	0.034 *–
this	877	1278	10.58	0.001 **–
that	66	72	0.75	0.388+
these	141	551	172.96	0.000 ***–
those	50	135	23.16	0.000 ***–
总使用词数	2814	4445		

注：LL ＞ 3.84，p ＜ 0.05 可视为显著；* 代表显著程度，*** 表示非常显著，** 表示比较显著，* 则表示显著；+ 代表正显著，– 表示负显著。

在 AACE 语料库中，we 出现 321 次，our 出现 99 次；而在 AACC 中，we 出现 62 次，our 仅出现 14 次。这说明以英语为母语的作者在撰写摘要时更倾向于使用第一人称复数，这反映了学术写作中的一个新趋势。而在中国目前的学术传统中，还保持着学术论文写作要避免使用第一人称代词以防削弱文章的客观性的习惯。但是目前，国际学术界鼓励使用第一人称代词和其他的人称指示语如“author”，以强调作者的责任，增强亲切感和文章的生动性（滕真如，2004）。值得注意的是，AACE 和 AACC 摘要中都没有出现第一人称单数“I”这个代词，这可以从以下三个方面来解释：首先，有影响力的学术研究很少是由一名作者独立完成的；其次，第一人称复数词“we”比第一人称单数词“I”更含糊，因为没有作者愿意独立承担或强调研究的责任（Tatyana，2006）；第三，即便有的研究是由一名作者独立完成，但此作者也习惯用“我们”而非“我”，而且中外作者都是如此，这与文化习俗和习惯都密切相关，而这种文化对语言使用的影响还值得进一步开展研究。

在其他代词的使用方面，AACE 在第三人称复数代词 they、their、themselves 使用数量上均明显高于 AACC，而后者往往更倾向于使用定冠词 the，但是在第三人称单数代词 it 和 its 的使用上，AACC 却显著高于 AACE，（在 itself 上两库区别并不明显）。这说明在表述研究过程时，中国作者也比较注意衔接和连贯，但中国作者更注重单个实体的描述和评测，而英语国家作者已经更多地从单个体系的研究转向对大规模对象实例的研究上。在指示代词的使用方面，AACE 在 this、these 和 those 的使用数量上均高于 AACC（后者更倾向于使用 the），由于指示代词较之定冠词，可以更加确切地指代上文提及的内容（those）或下文要叙述的内容（this、these），这能显示出英语国家作者使用的句式更加紧凑。

在冠词的使用方面，如表 4-8 所示，AACC 更倾向于使用笼统的定冠词 the，而英语国家作者更喜欢具体的不定冠词 a 和 an。

表 4-8　冠词使用情况比较表

	AACC	AACE	LL	p
the	10845	9326	747.35	0.000 ***+
a	1756	3411	222.34	0.000 ***–
an	404	747	39.14	0.000 ***–

注：LL ＞ 3.84，p ＜ 0.05 可视为显著；* 代表显著程度，*** 表示非常显著；+ 代表正显著，– 表示负显著。

四、句式复杂度

句式复杂度可以从句长、非谓语动词的使用情况和从句的使用情况来比较说明。从目前得到的数据来看，AACE 使用定语从句的数量远远高于 AACC 的使用量，这包括 that、who/whom、where 和 when 引导的定语从句，以及 as 引导的非限制性定语从句。在 AACC 中没有 when 引导的定语从句，AACE 中 when 引导的定语从句有 4 例；而 when 引导的状语从句的数量 AACE 也高于 AACC。具体数据见表 4-9。这方面的研究还有待进一步开展，但能看出中国作者多使用 which 引导的定语从句，而在其他形式的从句使用数量总体上少于英语本族语者，在句式使用上体现出一定的单一性，相比较来说，英语国家作者的文摘句式更趋于复杂和多样。

表 4-9　AACC 和 AACE 从句使用情况比较表

		AACC	AACE	LL	p
定语从句	which	626	479	65.19	0.000 ***+
	that	109	642	310.99	0.000 ***–
	which、that	735	1121	18.43	0.000 ***–
	who、whom	19	97	41.63	0.000 ***–
	where	17	94	43.26	0.000***–
	when	0	4	#NUM!	#NUM!–
	why	3（reason why）	4（reasons why）	0.01	0.929–
	as	15	62	21.41	0.000 ***–
状语从句	when	103	185	9.13	0.003 **–

注：LL ＞ 3.84，p ＜ 0.05 可视为显著；* 代表显著程度，*** 表示非常显著，** 表示比较显著；+ 代表正显著，– 表示负显著；#NUM! 表示两项中数值不可比较，如其中一项为零。

五、词语和搭配的运用

从反映两库词型概貌的表 4-1 和表 4-3 中均可以看出英语国家作者在撰写摘要时要比中国作者使用更多的词型（AACE：13027，AACC：11069）和更多的实词词型（AACE：12830，AACC：10864），而且前者的实词词例和词型所占的比例均高于后者，说明英语国家作者的用词更加丰富多样。具体考察语料，运用

AntConc 的关键词表功能，使用 AACC 和 AACE 互做观察语料库和参照语料库，形成 AACC 关键词表和 AACE 关键词表，会发现两库中各有显著的特色用词：

表 4-10　AACC 关键词表（前 20 词）

排序 Rank	关键词 Keyword	关键性 Keyness	频次 Frequency
1	the	747.505	10845
2	Chinese	494.861	331
3	China	318.723	202
4	media	202.077	385
5	paper	190.687	509
6	right	126.461	125
7	judicial	124.334	100
8	proposed	113.88	206
9	method	110.672	306
10	recombinant	105.329	78
11	algorithm	98.343	247
12	gene	98.08	179
13	vector	97.281	90
14	is	94.739	1801
15	society	91.368	93
16	l/L	80.565	109
17	based	79.896	483
18	legal	77.674	203
19	civil	70.569	84
20	law	69.991	365

注：关键性 Keyness 值是根据 AntConc 软件本身的算法得出，但具体算法是什么，该软件作者劳伦斯·安东尼（Laurence Anthony）并没有明示，特此说明，以下情况相同。

表 4-11 AACE 关键词表（前 20 词）

排序 Rank	关键词 Keyword	关键性 Keyness	频次 Frequency
1	that	241.176	2076
2	a	232.483	3441
3	these	172.962	551
4	within	127.381	223
5	findings	112.143	130
6	we	109.476	816
7	sexual	105.566	115
8	article	103.084	304
9	discrimination	96.463	127
10	perceptions	95.521	90
11	associated	92.498	137
12	use	88.705	314
13	perceived	85.083	73
14	cartilage	81.587	70
15	suggest	78.688	106
16	visualization	75.015	95
17	participants	73.973	94
18	learning	70.924	195
19	examined	70.128	94
20	muscle	69.909	73

从表 4-10 中可以看出，中国作者撰写学术文摘典型用词前 20 个词中，有两个虚词，其中一个是定冠词 the（而英文作者倾向使用不定冠词 a，此差异在前面解释冠词的用法时通过表 4-8 已经论述），另一个虚词是数量单位 l/L，表示容

积单位“升”。另外，还有一个静态动词 is。除以上 3 个常用词外，前 20 词中，还包括 5 个形容词（Chinese、judicial、recombinant、legal、civil），10 个名词（China、media、paper、right、method、algorithm、gene、vector、society、law），和两个动词（proposed、based）。从中可以看出 AACC 语料库中关注的一些主题，如“媒体”、“权力”、“算法”、“基因”、“社会”、“法律”等，而且主要是基于中国本体的研究，所以“中国”、“中国的”用词显著。在文摘撰写特点上，从典型用词能够看出中国作者的文摘注重研究的支撑（based 用词明显），还常常提供建议（proposed 用词明显）。

从表 4-11 中可以看出，英语国家作者撰写的摘要典型词汇前 20 词中，有 5 个虚词，其中 3 个代词（we、these 和 that），一个冠词（a）和一个介词（within），剩下的实词中，有 10 个名词（findings、article、discrimination、perception、use、cartilage、visualization、participants、learning 和 muscle），一个形容词（sexual），以及 4 个动词（associated、perceived、suggest、examined）。这说明英语国家作者在学术论文摘要中多用第一人称复数，关注的问题包括“歧视”问题，“学习”问题以及“软骨”、“肌肉”等问题，文摘描述注重实验程序和研究过程，除了描述研究发现之外，还注重实验过程描述（participants、examined）和结果分析（perceived、suggest）。

但是值得注意的是高频关键词形容词 sexual 和名词 discrimination 可以构成二词词丛 sexual discrimination，但此二次词丛却未出现在 AACE 语料库中，而和 discrimination 搭配最多的名词是 disability（11 次），其他常用左搭配还包括 genetic（6 次），sex（6 次），racial（5 次），race（3 次）和 employment（3 次）等。而和 sexual 搭配最多的名词是 harassment（30 次），其他常现的右搭配还有 communication（10 次），satisfaction（7 次），violence（6 次），orientation（5 次），intimacy（5 次），initiation（4 次）和 expectation（4 次）等。这说明在当今的英语学术世界中，关于“歧视”的问题仍然受到相当的关注，以“残障歧视”

最受关注，其他类型的“歧视”还包括“基因歧视”、“性别歧视”、“种族歧视”和“雇佣歧视”等。而关于“性别歧视”，一方面在用词上倾向于使用名词作定语的搭配方式（使用名词 sex，而不使用形容词 sexual）；另一方面对其的关注也变得更加深入和具体，特别关注“性骚扰”问题以及“性暴力”问题。

从两库典型用词的对比中还可以看出词语选择的倾向：中国作者常用 paper，而英语国家作者常用的是 article，前者关注静态（形容词，静态动词 be 用词显著），而后者关注动态（动态动词用词显著），后者还注重结构连接、研究分析和结果交代。

这里对 AACE 中显著的用词进行归纳和整理，可以扩充中国作者英语写作的词汇量，也有助于中国英语学习者把握英语世界词汇发展的动向。AACE 典型常用动词表、典型常用形容词表、典型常用副词表和典型常用名词表如下：

表 4-12　AACE 典型常用动词表（按频次降序排列）

动　词	关键性	频次	动　词	关键性	频次
develop	14.878	169	repair	21.725	32
associated	92.498	137	viewing	21.725	32
examine	69.555	116	exhibit	12.39	31
suggest	78.688	106	expect	5.911	28
explore	28.573	97	noted	20.494	26
perceived	85.083	73	incorporate	7.486	20
display	47.87	63	vary	22.145	19
demonstrate	21.848	54	foster	10.49	9
argue	52.448	45	prohibit	5.974	7
highlight	24.258	43	diverge	5.828	5
capture	13.928	33	showcase	2.331	2

表 4-13　AACE 典型常用形容词表（按频次降序排列）

形容词	关键性	频次	形容词	关键性	频次
significant	13.913	118	distributional	20.979	18
particular	52.456	92	developmental	4.404	17
relational	64.419	77	corporate	5.17	16
negative	22.232	77	inconsistent	3.14	13
likely	56.11	73	divergent	10.49	9
consistent	33.883	63	equivalent	5.623	9
training	7.934	62	phylogenetic	3.328	9
alternative	8.959	46	representational	8.159	7
prior	21.93	44	striking	2.886	6
empirical	7.845	44	imposing	5.828	5
epithelial	21.725	32	intractable	4.662	4
correctional	24.476	21	tractable	3.497	3

表 4-14　AACE 典型常用副词表（按频次降序排列）

副　词	关键性	频次	副　词	关键性	频次
significantly	4.625	81	alternatively	11.655	10
positively	21.538	35	linguistically	4.68	8
empirically	12.199	22	developmentally	3.497	3
consistently	7.571	11	unexpectedly	3.497	3

表 4-15　AACE 典型常用名词表（按频次降序排列）

名　词	关键性	频次	名　词	关键性	频次
model	2.55	441	approach	0.089	156
study	61.415	395	discrimination	96.463	127
learning	70.924	195	levels	49.17	127
models	37.31	177	task	34.668	101
behavior	66.129	158	patterns	31.466	101

（续表）

名　词	关键性	频次	名　词	关键性	频次
differences	28.67	97	associations	21.208	28
visualization	75.015	95	immunoreactivity	29.138	25
participants	73.973	94	outcome	22.295	25
perceptions	95.521	90	predictions	27.973	24
implications	59.989	84	conversation	21.21	24
approaches	10.588	71	representations	17.14	24
attitudes	61.464	70	respondents	26.807	23
equality	55.949	69	apprehension	25.641	22
association	28.86	60	predictors	25.641	22
literature	28.005	59	expectations	11.294	21
behaviors	23.413	56	delinquency	23.31	20
hypothesis	33.735	54	beliefs	22.145	19
harassment	55.945	48	campaign	22.145	19
decisions	36.986	47	argument	1.959	18
dynamics	36.986	47	polarity	17.483	15
responses	24.567	47	arguments	5.377	14
modeling	3.167	47	developments	3.878	12
variables	25.31	45	alternatives	1.265	6
outcomes	32.841	43	workflows	4.662	4
death	21.538	35	developer	0.293	4
reinforcement	31.074	33	developers	0.293	4
immunohistochemistry	26.399	33	prototypicality	3.497	3
victimization	37.297	32	vigilance	3.497	3
hypotheses	28.866	31	divergence	0.035	3
visualizations	33.8	29	representationalist	2.331	2

以上四表中的典型用词可以对中国学术英语的词汇量进行扩充。另外在搭配方面，AACE 中也有比较典型的搭配值得借鉴，包括 a variety of，in response to，face to face，is associated with，it is argued，in contrast to，as a result，positively/negatively associated with 等，其与 AACC 中相应搭配的比较情况如表 4-16。

表 4-16　AACE 与 AACC 典型搭配比较表

搭　配	AACE 中的频次	AACC 中的频次	LL 值	显著性 p
a variety of	30	6	12.33	0.000 ***+
in response to	29	3	18.79	0.000 ***+
face to face	19	0	#NUM!	#NUM!+
is associated with	17	0	#NUM!	#NUM!+
it is argued	13	0	#NUM!	#NUM!+
in contrast to	12	3	3.88	0.049*+
positively associated with	10	0	#NUM!	#NUM!+
negatively associated with	6	0	#NUM!	#NUM!+

注：LL ＞ 3.84，p ＜ 0.05 可视为显著；* 代表显著程度，*** 表示非常显著，* 则表示显著；+ 代表正显著，即相比较的两项前一项多于后一项；#NUM! 表示两项中数值不可比较，如其中一项为零。

而在 AACC 中，中国作者用词比较传统和单一，缺乏活力。如在描述研究发现时，经常用 propose、show、become、important、prove 等，几乎不会用到 showcase、develop、exhibit、highlight、argument、polarity 等。另一方面，中国作者英文摘要也体现出一些独特的用词，例如：表示实验过程联结成分的运用：firstly、secondly 和 thirdly，以及概括性的名词，如 efficiency、interpretation 和 development 等。值得注意的是 AACC 也出现一些形象生动的用词，如：implement 和 utilize 等。这些词在语料库中的具体频次和显著性如表 4-17 所示。

表 4-17 AACC 与 AACE 部分典型用词比较表

搭 配	AACC 中的频次	AACE 中的频次	LL 值	显著性 p
firstly	47	4	53.44	0.000 ***+
secondly	30	3	32.43	0.000 ***+
thirdly	13	3	9.30	0.002 **+
efficiency	67	27	28.25	0.000 ***+
interpretation	48	36	5.69	0.017 *+
development	193	125	34.96	0.000 ***+
implement	44	14	24.13	0.000 ***+
utilize	28	6	21.07	0.000 ***+

注：$LL > 3.84$，$p < 0.05$ 可视为显著；* 代表显著程度，*** 表示非常显著，** 表示比较显著，* 则表示显著；+ 代表正显著，即相比较的两项前一项多于后一项。

此外，定冠词 the 和介词 of 连用的结构在摘要中运用显著，AACC 中更加普遍（the ... of 结构在 AACC 中的频次为 3264，在 AACE 中的频次为 2773，$LL = 237.92$，$p = 0.000$）。这样的结构会使陈述显得更加客观，但有些情况下完全可以用“名词+名词”结构加以替换而使陈述变得更加简洁，避免冗余。这种结构的显著性完全可以作为中国英语的一个特色标志。

在本章中，通过对 2000 篇专业学术论文英文摘要的语言特点进行分析，发现母语为英语的作者撰写的论文摘要在总体规模上要大一些，平均每篇文摘要长一些，用词比较丰富，内容也显得更加充实，自然穿插使用被动语态和第一人称，文摘句式更趋于复杂和多样，使其整体风格富有独创性。而中国作者尽力维护英语的语法规则和语言习惯，选取的词语在灵活性上还需加强，用词比较单一，情态动词在使用上也相对集中在判断语义和义务语义强的 can、could 和 should 上，多出现简单、口语化而且不易出现语法错误的“情态动词 + 无体标记动词”和“代词+情态动词”序列；但能敏锐地体察到学术论文中使用主动语态、一般现在时和第一人称等一些新的趋势。这一方面说明中国学术论文在与国际接轨方面已经有了很大的提高，接近国际规范水准；但另一方面，在语言的灵活性和生动性方面还亟待改善。此外，随着对各专业论文英文摘要的对比研究的深入展开，各子语料库典型词汇的个性刻画还有待深入，对中国英语变体之语言特色的研究还有待进一步明晰。

第五章

领域语言个性特征刻画

> You have your way. I have my way. As for the right way, the correct way, and the only way, it does not exist.
>
> ——Friedrich Wilhelm Nietzsche
>
> 你有你的路。我有我的路。至于适当的路、正确的路和唯一的路，这样的路并不存在。
>
> —— 弗里德里希·威廉·尼采

第四章通过对比中外作者的英文摘要，宏观上从不同的角度汇报了 AAC 语料库一些选定方面的典型特征，旨在详细地描述学术论文摘要中体现出的中国英语这一英语变体的比较详细的语言学特征。我们知道，语言学研究经历着从解释语言特征转向发现语言在使用中的实际用法的转变（Hutchinson & Waters，1991）。在实际研究中我们发现，不同的学科在行文中会体现出领域或语域的差异。语域是在一定语境下的语言功能变体，在不同的学科专业领域，语言在语法、词汇层面也会发生变化，表现出一定的特点。斯韦尔斯（Swales）等通过语域分析研究揭示出不同学科专业所使用的语言倾向于某几个特殊形式，如被动语态、一般现在时、陈述句、祈使句等，但在语法上并无多大特色，特别是在动词形式、动词时态、句子结构等方面，修辞手段、篇章结构上也还没有超出一般英语的总体框架（Swales，1990）。因此不同学科英文摘要的主要区别还在于特色词汇，如果掌握好这些专业词汇，会有针对性地满足科研工作者研究的需要，有助于提高其学术交流的效率和效果。

此外，众多研究也已经证明，语言习得需要交际环境，那么这些“环境”一定会影响语言的本质。夏佩尔（Chapelle，1998：43）曾指出，仅考虑语言使用者的特征和语言使用环境的特征是不够的，我们必须允许二者进行互动。“特征因素必须在上下文环境中被定义。”这就意味着存在特殊用途的语言知识，语言的本质会因为领域的不同而不同（Douglas，2000：24）。本章主要研究学术论文各专业子语料库中的词汇，既可以得出不同专业的特色词汇，也可以洞悉各专业的研究焦点，以期能为相关研究者提供资讯。

第一节
计算机科学

如前章所示，计算机科学子语料库（AAC-CS）共收集论文摘要400篇，其中包括200篇中国作者撰写的英文摘要AACC-CS和200篇英语国家作者撰写的英文摘要AACE-CS，其语言概貌见表5-1。

表5-1 计算机科学子语料库AAC-CS语言概貌表

语料库名称	文本篇数	词例数	词型数	每篇文本均长
AAC-CS	400	64661	6653	162
AACC-CS	200	32286	4117	161
AACE-CS	200	32375	4780	162

运用学术语体语料库Academic作为参照语料库（词例数548754，词型数21306），去除助动词、连词、叹词、介词等停用词，得出计算机科学语料库关键词表（词例数5633），前20个词如下：

表5-2 计算机科学子语料库AAC-CS关键词表（前20词）

排序	关键词	关键性	频　次
1	algorithm	1157.139	234
2	paper	1112.711	288
3	based	1043.79	321
4	data	827.529	358

（续表）

排序	关键词	关键性	频　次
5	model	823.155	274
6	proposed	678.427	174
7	behavior	616.764	118
8	network	602.989	154
9	results	557.81	182
10	visualization	518.098	96
11	performance	496.633	159
12	method	468.963	182
13	algorithms	437.07	92
14	learning	370.628	127
15	information	357.967	185
16	software	356.507	94
17	analysis	340.445	174
18	optimization	329.208	61
19	methods	323.922	122
20	authors	323.185	92

从表中可以看出，前 20 词中包括 18 个名词和 2 个动词（based，proposed）。在英文摘要中经常出现的名词包括计算机科学研究需要的工具和要素，如算法 algorithm、数据 data、模型 model、行为 behavior、表现 performance 以及科学研究需要交代的内容，如方法 method、分析 analysis 和结果 results，还包含一些研究的兴趣点如（机器）学习 learning、网络 network、信息 information、软件 software、可视化 visualization、最大化 optimization 等。此外，在计算机科学类论文摘要中，authors 和 paper 出现的频率也显著。

接下来分别考察 AACC-CS 和 AACE-CS 各自的关键词表（见表 5-3 和表 5-4），排在前 20 位的词中，两表共现的高频词有 6 个：paper、based、data、model、network、results，这些词在计算机科学摘要语料库关键词表中也排在前十名之内。

值得注意的是两个关键词表中排名第一的词不是两表的共现词：在 AACC-CS 中，算法 algorithm 一词最关键，说明其出现的频率高；而在 AACE-CS 中，行为 behavior、可视化 visualization 和（机器）学习 learning 3 个词出现的频率非常高。从中可以看出中外作者在计算机科学方面重点有所不同。可以进一步说明此

表 5-3　AACC-CS 关键词表（前 20 词）

排　序	关键词	关键性	频　次
1	algorithm	1235.538	200
2	paper	1005.505	209
3	based	940.46	230
4	proposed	784.159	155
5	method	494.18	143
6	model	490.675	145
7	data	469.364	185
8	network	434.653	93
9	results	400.797	110
10	performance	387.007	102
11	authors	363.521	79
12	optimization	361.246	54
13	algorithms	348.596	60
14	proposes	308.781	56
15	query	283.748	52
16	multi	268.251	50
17	web	265.694	43
18	test	263.361	72
19	computing	253.024	45
20	scheme	251.027	57

注：无底纹指示共现高频关键词，浅色底纹指示两表中不共现但属于总词表中的高频关键词，深色底纹指示非总词表中高频关键词，但属于各自词表中的高频关键词。下表同。

表 5-4　AACE-CS 关键词表（前 20 词）

排　序	关键词	关键性	频　次
1	behavior	694.657	106
2	visualization	606.596	90
3	learning	441.495	110
4	data	429.168	173
5	model	420.817	129
6	computer	299.364	79
7	neural	289.818	43
8	paper	288.414	79
9	visual	282.194	58
10	robot	280.343	43
11	network	257.371	61
12	based	257.178	91
13	models	253.51	70
14	article	238.361	57
15	results	221.873	72
16	systems	220.527	85
17	robots	207.226	33
18	information	196.429	93
19	visualizations	195.459	29
20	system	193.308	112

问题的还有一些词，它们位于两表的前 20 词之内，但却不是两库共有的关键词，如 AACC-CS 中的问询 query、多 multi、网络 web、测试 test、计算 computing 和方案 scheme，以及 AACE-CS 中的计算机 computer，神经的 neutra、系统 system（s）、可视的 visual、机器人 robot（s）。由此可以大致看出中国作者的计算机类文章多注重某些算法（程序）的测试和表现，而英语国家作者的文章多注重对某些具体的自动化应用，如可视化系统和机器人的研制与开发。

通过单个词语的选择，可以看出计算机专业论文摘要的文本主题性特征，而研究词丛（word cluster）的运用也是判断文本语言特征的一个重要依据。词丛指的是文本中两个或两个以上的词形以固定的组合关系（或位置）重复同现（李文中，2007）。词丛有3个主要特征：首先，必须是两个以上词形的多词单位的同现；其次，该多词单位是线性连续的；第三，这种同现至少出现两次以上。另外也有学者从不同的角度把词丛定义为n词串（n-gram）、多词单位（multiword unit）或者搭配（collocation）等。词丛现象体现了语言运用的惯例性和模块化的特征。因此，研究多词词组的惯例化特征，能够发现多词词组运用的有效性和地道性。由于词丛表达的信息比单个词更明确、更完整，提供的语境信息更丰富，也更易于识别和描述，通过调查对比词丛在不同语料库文本中的频率、形式和功能，可以进一步描述不同语域以及不同语言变体的基本特征，以便于了解其实际用法。

运用AntConc3.3.5分别对AACC-CS和AACE-CS生成多个对应的n词词丛表（$2 \leqslant n \leqslant 15$）。要计算单个词丛的频率，用该词丛的频数除以语料库文本的总词例数可以得出。本研究将词丛长度的最大值设为15，但在实际统计中各个子语料库不一定有达到该值的词丛。有相关研究把最大值设定为8词，本研究认为作为对语言的观察，不必要进行干预。

根据n元词丛总体统计显示，仅以复现频率而言，2词词丛最为常见，随着n值增大，复现频率越小，尤其是到n值超过6以后，高于该值的词丛在任何一个子库中都非常少见。n元词丛在AACC-CS和AACE-CS中的总体分布见图5-1和图5-2。

这种分布趋势与阿尔腾伯格（Altenberg）在1998年对英语本族语者口语语料库LLC（London-Lund Corpus）所做的调查统计结果总体一致，与李文中（2007）对中国英文报刊文章中的词丛研究结果也基本一致。显示出中国本土化英语文摘比母语为英语的作者更倾向于使用词丛，相关研究表明这是一种为了提

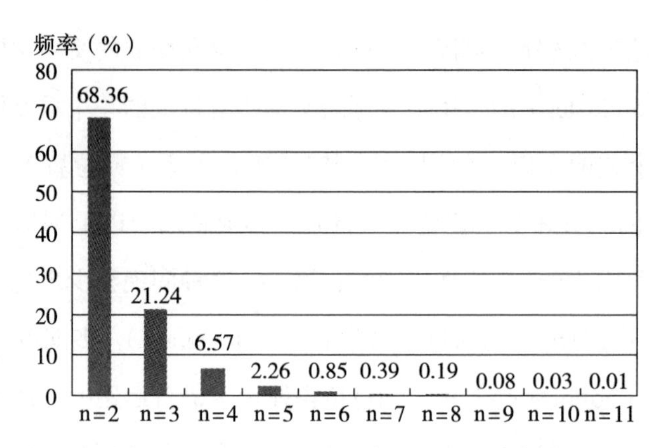

图 5-1　AACC-CS 语料库 n 元词丛分布图

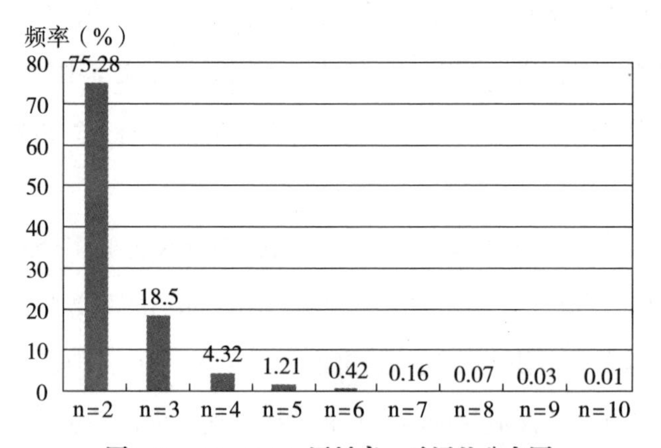

图 5-2　AACE-CS 语料库 n 元词丛分布图

高英语流利度在中英翻译中使用的固定或半固定结构，而且使用词丛频率越高，越表明这是受到英语资料影响的结果。较长词丛会导致有明显翻译的痕迹，倾向于使用再形成标记（reformulation markers），使用这种再形成标记其实是为了在中译英时表意更明确的一种途径，但这与简洁非译文体的文本形成了对比，例如：AACC-CS 最长词丛值为 11 和 10 词词丛，如句（1）和句（2），其名词短语前置修饰成分词数达到 5 个词，而相比较来说 AACE-CS 却不倾向于使用这种结构，其最长词丛值为 10，如句（3），倾向使用后置定语从句来修饰。

（1）*the running efficiency and the distribution uniformity of solutions* of TDGA

（2）P P problem with an *uncalibrated two parameter pinhole* camera

（3）provision of tools and an environment *that allowed students to*

博林格（Bolinger，1981）曾经认为，语法是语言组成中最保守的一部分，随着时间和空间的变化，其变化与词汇和与语音的变化相比较是极不明显的。而中国英语变体倾向于将修饰成分前置，这样也就促成中国英语的语篇内单句偏多的现象。林语堂的英文小说 *A Moment in Peking*（《京华烟云》）的句式就能证明这一点。我国学者陆国强（1983）、周志培（1987）还认为现代英语句法结构上也存在移前倾向（syntactic switch to frontal position），而存在的原因是受汉语影响所致，这就表明了中国英语变体在语法结构上存在这种特征的现实性。

通过比较两个语料库的词丛表，筛选出 AACC-CS 中频率高的词丛，可以把这些词丛视为本土化词丛。为了进一步弄清在 AACC-CS 中哪些长度的词丛本土化频率高，把 n 元词丛表中的高频词（设定 Frequency ≥ 5）筛选出来，通过以下计算可以得出各个长度的词丛中高频词丛所占的比例。

$$\frac{\text{n 词词丛高频词丛例数}}{\text{n 词词丛总词例数}} \times 100\% = \text{n 词词丛高频词丛例}$$

结果显示，AACC-CS 中的词丛，随着 n 值增大，高频词丛越来越少，在 n ≥ 7 时，已经没有高频词丛了。当 n = 2、3、4、5、6 时，其 n 词高频词丛比例分别为 44.98%、22.69%、13.87%、8.17%、2.58%。再观察 AACE-CS 的高频词丛，当 n = 2、3、4、5 时，其 n 元高频词丛比例为 42.52%、19.76%、8.51%、8.00%。其 5 元高频词丛为 in this paper we present。此结果再次说明中国英语变体中词丛使用要多于英语本族语者学术摘要中的词丛，而词丛多为一些惯例性、模块化的套语，英语本族语者用词更加灵活，对套语的使用频率相对较低。

成串的表达多次出现，且结构基本固定，这既反映了中国英语变体中某一专业领域文本中的词丛运用情况，也显示出汉语套语对中国英语变体的影响。通过观察可以发现，词丛越长，其意义表述越具体，而词丛的横向组合模式就越固定。如 2 元词丛“based on”，随着词丛长度的增加，其内部序列越来越固定：

based on

is based on

which is based on

which is based on the

当词丛的长度增加时，词丛中固定短语的数量也随之增长。而在 2 元和 3 元词丛中，很多词丛属于词组或非结构体，其意义只有通过具体语境才能确认。例如：proposed algorithm、data provenance、control flow、algorithm based on、characteristics of the 等。

再观察 n = 2 时，两库的 based on 均很显著，这与 based 一词为高频词相符。另一方面，AACE-CS 中，we+ 动词的结构显著（见表 5-5）。这也和前面对代词的对比研究结果中英语国家作者 we 用词显著相一致。we+ 动词结构出现 167 次，而 AACC-CS 中此结构仅出现 2 次，均为 we proposed。

表 5-5　AACE-CS 中 2 元词丛中 we+ 动词的结构一览表（前 20 词）

排序	词　　丛	频次	排序	词　　丛	频次
124	we describe	11	540	we describe	5
125	we present	11	828	we demonstrate	4
190	we present	9	829	we have	4
191	we show	9	830	we propose	4
234	we show	8	831	we study	4
292	we argue	7	1503	we believe	3
382	we discuss	6	1504	we conclude	3
383	we explore	6	1505	we have	3
539	we are	5	1506	we investigate	3

（续表）

排序	词　丛	频次	排序	词　丛	频次
1507	we must	3	3698	we develop	2
1508	we propose	3	3699	we develop	2
1509	we provide	3	3700	we discuss	2
1510	we report	3	3701	we draw	2
1511	we use	3	3702	we found	2
1512	we will	3	3703	we found	2
3690	we analyze	2	3704	we implement	2
3691	we apply	2	3705	we improve	2
3692	we argue	2	3706	we introduce	2
3693	we can	2	3707	we pursue	2
3694	we characterize	2	3708	we start	2
3695	we compare	2	3709	we suggest	2
3696	we consider	2	3710	we then	2
3697	we demonstrate	2	3711	we will	2
总计	167				

AACC-CS 中其他高频 2 元词丛还有：according to（根据）、experimental results（实验结果）、energy consumption（能量消耗）、deal with（处理）、data flow（数据流）、compared with（和……相比）、compared to（比作）、power consumption（能量消耗）、high performance（高性能）、scheduling problem（排定问题）等。

在 3 元词丛中，高频词丛为：in this paper（本文中）、this paper proposes（本文建议）、this paper presents（本文呈现）、in order to（为了）、experimental results show（实验结果显示）、the ...（performance，number，basis，complexity，efficiency，definition）of（……的表现、数量、基础、复杂性、有效性、定义），super peer topology（超级同等布局）、tag entry array（标注条目序列）、web information extraction（网络信息提取）、wireless sensor networks（无线传感网络）、differential fault analysis（区分性错误分析）等。

AACC-CS 的 4 元高频词丛包括：the experimental results show（实验结果显示）、one of the most（最……之一）、on the basis of（在……的基础上）、to solve the problem（为了解决这个问题）。

随着词丛长度的增加，短语片段逐渐减少，这又进一步验证了词丛越长，构成完整命题的几率越大，意义表述就会越完整，文本中与长词丛连用的词或短语也呈现出固定的模式和稳定的词集，如：

N.+V.：results show

N.+V.+conj.：results show that

N.+V.+conj.+Art.：results show that the

Adj.+N.+V.+conj.+Art.：experimental results show that the

Art.+Adj.+N.+V.+conj.+Art.：The experimental results show that the

而这种较长的 6 元词丛在 AACE-CS 中频率却低得多，这说明英语本族语者在文摘中不倾向于使用一些固定的、体制化的词丛。

第二节
生物学

生物学子语料库（AAC-Bio）共收集论文摘要400篇，其中包括200篇中国作者撰写的英文摘要AACC-Bio和200篇英语国家作者撰写的英文摘要AACE-Bio，其语言概貌见表5-6。

表5-6　生物学子语料库AAC-Bio语言概貌表

语料库名称	文本篇数	词例数	词型数	每篇文本均长
AAC-Bio	400	72715	8416	182
AACC-Bio	200	30509	4816	153
AACE-Bio	200	42206	5948	212

运用学术语体语料库Academic作参照语料库（库容为词例数548754，词型数21306），去除停用词，得出生物学子语料库关键词表（词例数7265），前20个词如下：

表5-7　生物学子语料库关键词表（前20词）

排　序	关键词	关键性	频　次
1	cells	2195.541	452
2	protein	1517.153	294
3	cell	1449.046	337
4	expression	1214.009	332
5	gene	1050.927	226

（续表）

排　序	关键词	关键性	频　次
6	proteins	906.337	178
7	DNA	577.963	112
8	showed	504.698	131
9	genes	500.579	117
10	results	489.428	175
11	tissues	485.076	94
12	tissue	481.686	101
13	PCR	479.916	93
14	antibody	443.793	86
15	staining	428.312	83
16	recombinant	417.991	81
17	tumor	412.831	80
18	cancer	363.275	90
19	muscle	362.07	75
20	cartilage	361.227	70

从表中可以看出，前 20 词包括 19 个名词和 1 个动词（showed），在英文摘要中经常出现的名词包括生物学研究的对象，如细胞 cell（s）、基因 gene（s）和 DNA、蛋白 protein（s）、组织 tissue（s）、重组细胞 recombinant、肿瘤 tumor、肌肉 muscle、软骨 cartilage、抗体 antibody、拉紧 staining 和癌症 cancer。同时也注重研究结果 results（这个词语使用复数形式，表明生物科学研究多为较大规模，其研究结果呈系列化而并不单一），另外也注重检验的方式 PCR。①

① PCR 是英文 Polymerase Chain Reaction 的首字母缩写，译为“聚合酶链式反应”。这是一种用于放大扩增特定的 DNA 片段的分子生物学技术，可被看作是生物体外的特殊 DNA 复制。PCR 的最大特点，是能将微量的 DNA 大幅增加。因此，无论是化石中的古生物、历史人物的残骸，还是几十年前凶杀案中凶手所遗留的毛发、皮肤或血液，只要能分离出一丁点的 DNA，就能用 PCR 加以放大，进行比对。这种技术是在 1983 年由美国 Mullis 首先提出设想，其在 1985 年发明了聚合酶链反应，即简易 DNA 扩增法，意味着 PCR 技术的真正诞生。

表 5-8　AACC-Bio 关键词表（前 20 词）

排　序	关键词	关键值	频　次
1	gene	1074.403	174
2	protein	985.926	145
3	cells	909.147	149
4	expression	665.881	151
5	proteins	594.234	89
6	showed	559.742	106
7	cell	546.544	109
8	recombinant	530.36	78
9	PCR	516.761	76
10	genes	451.706	80
11	DNA	448.766	66
12	results	341.402	96
13	antibody	292.378	43
14	acid	262.892	44
15	virus	262.645	40
16	vector	243.23	71
17	activity	237.276	66
18	amino	222.169	34
19	enzyme	222.169	34
20	molecular	218.519	54

注：无底纹指示共现高频关键词，浅色底纹指示两表中不共现但属于总词表中的高频关键词，深色底纹指示非总词表中高频关键词，但属于各自词表中的高频关键词。下表同。

再分别考察 AACC-Bio 和 AACE-Bio 各自的关键词表（见表 5-8 和表 5-9），排在前 20 位的词中，两表中共有的高频词有 8 个，分别是生物学语料库高频词表的前 7 个词和第 14 个词（cells、protein、cell、expression、gene、proteins、DNA、antibody）。值得注意的是两个关键词表中排名前 5 位的词均为共现词，说明基因、蛋白、细胞、（基因）表达和抗体不论是在中国，还是在其他英语国

表 5-9 AACE-Bio 关键词表（前 20 词）

排 序	关键词	关键值	频 次
1	cells	1749.951	303
2	cell	1153.865	228
3	protein	922.234	149
4	expression	730.107	181
5	proteins	539.969	89
6	tissue	518.341	90
7	tissues	482.78	78
8	staining	445.643	72
9	cartilage	433.264	70
10	muscle	426.838	73
11	collagen	328.043	53
12	tumor	328.043	53
13	SPARC	309.474	50
14	DNA	284.717	46
15	cellular	275.13	46
16	mice	268.984	45
17	antibody	266.148	43
18	lung	259.978	48
19	labeling	253.769	41
20	gene	249.136	52

家都是生物学界研究的主要对象和内容，体现出中外生物学界探究对象的比较高度的一致性。另一方面，两表中各有一些既是 AAC-Bio 词表中的高频词也是各自词表中的高频词，但却没有共现，这些词可以传递出中外生物学研究也有各自的不同的研究兴趣。如在 AACC-Bio 中出现的名词重组细胞 recombinant（LL 值 113.09）。动词 showed 用词也更显著（LL 值为 83.62），showed 在中国生物

学论文摘要中为高频词，有 131 例，但使用 show（10 例）、shows（5 例）以及 showing（3 例）的情况显著偏少；而 AACE-Bio 中，show 的现在时、完成时和过去时的使用情况基本平均：show（30 例）、shows（8 例）、shown（21 例）和 showed（25 例），而且 show 的现在时用法更显著。这体现出同在生物研究文摘中，中国作者明显倾向于使用过去时，而英语国家作者倾向于使用现在时，而且研究对象多为群体。还有一种检验方式 PCR 使用显著（LL 值 62.05），PCR 指的是聚合酶链反应（Polymerase Chain Reaction），英文首字母的缩写是 20 世纪 80 年代中期发展起来的体外核酸扩增技术，就是一种 DNA 片段扩增技术，用来检测某种目的 DNA 片段是否存在。

而在 AACE-Bio 中，组织 tissue（s）、拉紧 straining、软骨 cartilage、肌肉 muscle 和肿瘤 tumor 等词语的使用都较为显著。

可以进一步说明此问题的还有一些词，它们是两表中各自的高频关键词，但却不是两库共有的高频关键词，如 AACC-Bio 中的酸 acid、病毒 virus、载体 vector、活动 activity、氨基的 amino、酶 enzyme 和分子的 molecular。以及 AACE-Bio 中的胶原 collagen、SPARC（一种富含半胱氨酸的酸性分泌蛋白抗体 Secreted protein acidic and rich in cysteine）、细胞的 cellular、老鼠 mice、肺 lung 和标签归类 labeling。这种结果一方面与中外生物学研究者的研究兴趣差异相关；另一方面也与选取文摘的专业语料库的研究方向有关系。

再考察 AAC-Bio 词丛的运用，通过调查对比词丛在语料库文本中的频率、形式和功能，可以进一步描述生物学不同英语变体的基本特征，观察其实际用法。

运用 AntConc3.3.5 分别对 AACC-Bio 和 AACE-Bio 生成多个对应的 n 词词丛表（2 ≤ n ≤ 15）。计算单个词丛的频率，用该词丛的频数除以语料库文本的总词例数就可得出。本研究将词丛长度的最大值设为 15，但在实际统计中，中英生物学子语料库词丛的最大值都是 12，在 15 之下。

根据n元词丛总体统计显示，仅以复现频率而言，2元词丛最为常见，随着n值增大，复现频率越小，尤其是在n值超过6以后，高于该值的词丛在哪个子库中都非常少见。n元词丛在AACC-Bio和AACE-Bio中的总体分布见图5-3和图5-4。

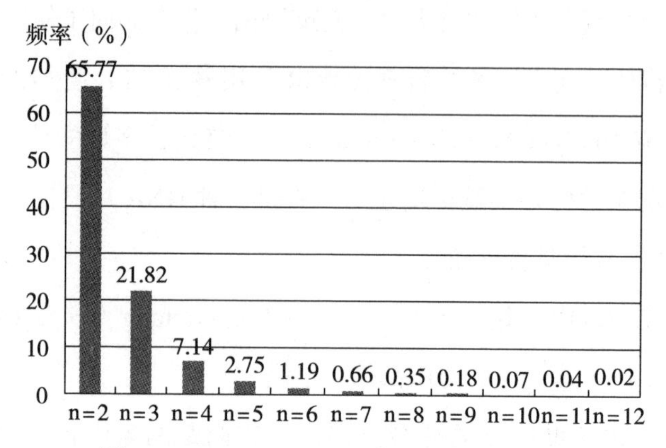

图5-3　AACC-Bio语料库n元词丛分布图

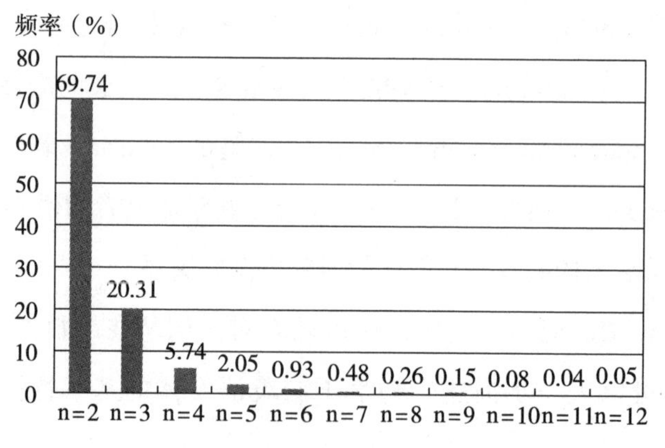

图5-4　AACE-Bio语料库n元词丛分布图

这种分布趋势与前面计算机科学子语料库的研究结果也大体一致，在每个值的词丛分布上AACC-Bio都要高于AACE-Bio，显示出中国本土化英语论文摘要比母语为英语的作者的摘要更倾向于使用词丛。例如：句（4）和句（5）是

AACC-Bio 最长词丛值为 12 的词丛，句（4）更倾向于词语片段，而句（5）显示出名词前的前置修饰成分叠加的中国英语变体特点，其名词前置修饰成分词数达到 5 个词，而相比较来说 AACE-Bio 却不倾向于使用这种结构，句（6）为 AACE-Bio 最长词丛值为 12 的词丛，与前两句不同的是其倾向于是用后置修饰成分。

（4）fold and fold respectively for the first DHPJA elicitation and by fold

（5）the interaction of CD with ***other sperm egg fusion related*** proteins in

（6）higher in kidneys of AT1A and AT1A/AT1B **compared with WT mice**

通过比较两个语料库的词丛表，筛选出 AACC-Bio 中频率高的词丛，可以把这些词丛视为本土化词丛。为了进一步弄清在 AACC-Bio 中哪些长度的词丛本土化频率高，把 n 词词丛表中的高频词（设定 $f \geqslant 5$）筛选出来，通过以下计算可以得出各个长度的词丛中高频词丛所占的比例。

$$\frac{\text{n 词词丛高频词丛例数}}{\text{n 词词丛总词例数}} \times 100\% = \text{n 词词丛高频词丛例}$$

结果显示，AACC-Bio 中的词丛，随着 n 值增大，高频词丛越来越少，在 $n \geqslant 6$ 时，已经没有高频词丛了。当 $n = 2$、3、4、5 时，其 n 元高频词丛比例分别为 43.57%、17.66%、7.65%、3.05%。当词丛的长度增加时，词丛中固定短语的数量也随之增长。而在 2 元和 3 元词丛中，很多词丛属于词组或非结构体，其意义只有通过具体语境才能确认。例如：results showed、by PRC、gene expression in、than that of the 等。再观察 AACE-Bio 的高频词丛，当 $n = 2$、3、4、5、6、7 时，其 n 元高频词丛比例为 45.21%、16.96%、5.67%、5.17%、6.07%、3.70%。其 7 元高频词丛为 the aim of this study was to。

再观察当 $n = 2$ 时，两库的 gene expression，均很显著，这与 gene 和

expression 二词均为生物学子语料库高频关键词密切相关。

AACC-Bio 中其他高频 2 元词丛还包括：amino acid（s）（氨基酸）、expression vector（表达的载体）、recombinant protein（重组蛋白）、NK cell（天然杀伤细胞）、breast cancer（乳癌）、SDS PAGE（十二烷基硫酸钠聚丙烯酰胺凝胶电泳，一种分析蛋白质和多肽、测定其分子量等的常用方法）、anammox process（厌氧氨氧化过程）、eukaryotic expression（真核表达）、genetic engineering（基因工程）、cell proliferation（细胞增殖）、gastric cancer（胃癌）、Western blotting（免疫印迹法）、gene sequences（基因序列）、mammary gland（乳腺）、microspores embryogenesis（小孢子胚胎发生）、biological functions（生物功能）、bone marrow（骨髓）、Chlorella vulgaris（普通小绿藻）。

AACE-Bio 中的高频 2 元词丛包括：low levels（低水平）、over time（久而久之）、peptide hormones（肽荷尔蒙）、protein kinase（蛋白致活酶）、tumor suppressor（肿瘤抑制）、basement membrane（基底膜）、breast cancer（乳癌）、bone marrow（骨髓）、cancer cell（癌细胞）、blot analysis（蛋白印记分析）、chondral defects（软骨损伤）、light microscopy（光学显微镜）、peripheral tissues（边缘组织）等。

在 3 元词丛中，AACC-Bio 的高频词丛为：in this study（在本研究中）、the results showed（indicated）（结果显示 / 说明）、in order to（为了）、as well as（并且）、eukaryotic expression vector（真核表达载体）、in this field（在本领域）、in recent years（近年来）、by Western blotting（通过免疫印迹法）、the（effect，effects，expression，function，mechanism，production，regulation，research，result，role，study，yield）of（……的效果、表达、功能、机制、产物、规定、研究、结果、角色、研究和领域）等，计算机科学子语料库中也有与最后这个词丛相应的结构，但中心名词没有重合。

AACE-Bio 中的高频 4 元词丛包括：The results showed（indicated）that（结

果显示了 / 说明了）、play an important role（起着重要作用）、the expression level of（……的表达水平）、enzyme linked immunosorbent assay（酶标法，酶联免疫吸附测定）。

随着词丛长度增加，短语片段逐渐减少，进一步验证了词丛越长，构成完整命题的几率越大，意义表述越完整，文本中与长词丛连用的词或短语也呈现出固定的模式和稳定的词集，如：

Adj.+N.：important role（频次：24）

Art.+Adj.+N.：an important role（频次：18）

V.+ Art.+Adj.+N.：play an important role（频次：7）

V.+ Art.+Adj.+N.+Prep.：play an important role in（频次：7）

而这一词丛在 AACE-Bio 中频数却低得多（频次低于 4），本族语者更倾向于用 play a role 来表达（AACE-Bio 频次为 6，而 AACC-Bio 频次为 0），和 role 搭配的词也更加多样，如 potential role（AACE-Bio 频次为 8，而 AACC-Bio 频次为 1）等。

第三节
法　学

前面已经研究了两个理工学科的论文摘要自语料库，本节和下一节我们来继续研究文科专业论文摘要的子语料库：法学和新闻传播学。法学子语料库（AAC-Law）共收集论文摘要 400 篇，其中包括 200 篇中国作者撰写的英文摘要 AACC-Law 和 200 篇英语国家作者撰写的英文摘要 AACE-Law，其语言概貌见表 5-10。

表 5-10　法学子语料库 AAC-Law 语言概貌表

语料库名称	文本篇数	词例数	词型数	每篇文本均长
AAC-Law	400	53558	6146	134
AACC-Law	200	24127	3479	121
AACE-Law	200	29431	4492	147

运用学术语体语料库 Academic 作参照语料库（库容为词例 548754，词型数 21306），去除停用词，得出法学子语料库关键词表（5246 词例），前 20 个词如下：

表 5-11　法学子语料库关键词表（前 20 词）

排　序	关键词	关键性	频　次
1	law	2116.474	570
2	legal	1402.569	275
3	article	715.59	160

（续表）

排　序	关键词	关键性	频　次
4	criminal	696.884	157
5	discrimination	627.759	123
6	rights	596.948	149
7	judicial	506.582	106
8	China	490.434	85
9	justice	414.113	104
10	crime	405.93	124
11	civil	363.695	90
12	court	354.192	101
13	equality	316.548	72
14	legislation	314.335	77
15	international	312.129	79
16	administrative	271.88	59
17	public	268.787	107
18	right	268.591	114
19	harassment	260.651	47
20	system	244.507	159

从表中可以看出，前20词包括14个名词和6个形容词（legal、judicial、civil、international、administrative、public），在英文摘要中经常出现的名词包括法学研究的主题，如：律法law、罪犯criminal、犯罪crime、法庭court、体系system，也包括法学研究的焦点问题，如公正问题justice、立法问题legislation、歧视问题discrimination、权利问题right（s）、平等问题equality、骚扰问题harassment，在法学摘要中文章article这个词出现较多，中国China一词出现显著，这应该是中国作者法学文摘的高频词，因为中国作者必然注重对自己国家法律问题的具体研究。

分别考察 AACC-Law 和 AACE-Law 各自的关键词表（见表 5-12 和表 5-13）。

表 5-12　AACC-Law 关键词表（前 20 词）

排　序	关键词	关键性	频　次
1	law	1586.449	345
2	legal	1250.922	194
3	judicial	629.363	100
4	China	623.915	85
5	criminal	448.876	84
6	rights	426.682	87
7	civil	410.02	76
8	right	397.741	107
9	administrative	335.732	55
10	system	307.19	123
11	Chinese	267.992	38
12	legislation	224.947	45
13	mediation	206.819	31
14	international	191.859	41
15	laws	173.892	39
16	protection	172.76	39
17	procedure	169.949	43
18	development	169.058	60
19	constitutional	166.737	33
20	society	161.721	50

注：无底纹指示共现高频关键词，浅色底纹指示两表中不共现但属于总词表中的高频关键词，深色底纹指示非总词表中高频关键词，但属于各自词表中的高频关键词。下表同。

表 5-13　AACE-Law 关键词表（前 20 词）

排　序	关键词	关键性	频　次
1	law	814.592	228
2	discrimination	757.79	122
3	article	731.626	135
4	legal	425.974	81
5	equality	370.277	68
6	justice	358.266	76
7	criminal	345.52	73
8	harassment	313.116	47
9	crime	304.491	81
10	study	278.926	90
11	court	271.092	67
12	disability	257.331	38
13	rights	248.545	62
14	offenders	236.252	46
15	programs	234.623	41
16	research	229.267	82
17	examines	209.461	38
18	findings	199.241	39
19	prison	178.376	30
20	sexual	169.322	56

排在前 20 位的词中，两表中共有的高频关键词只有 4 个，分别是排在法学语料库高频词表的前 2 个词、第 4 个词和第 6 个词（law、legal、criminal、rights）。这是法学研究的最基本的问题：法律、法律的、罪犯和权利。非常值得注意的是，与前两个子语料库相比，两表中共现的高频关键词不多，这说明法学研究的问题可能因为国别、文化和地域的不同更多地体现出多样性。另一方面，两表中各有 7 个词既是 AAC-Law 词表中的高频词也是各自词表中的高频词，但却没有共现，这些词就可以传递出中外法学界各自不同的特殊研究兴趣。如在 AACC-Law

中，名词right（LL值126.41）、legislation（LL值5.55），形容词judicial、civil、administrative用词也非常显著，LL值分别高达120.56、60.17和63.26。在AACC-Law中，China和Chinese用词非常显著，在英文作者法学摘要中没有出现。而在前面讨论过的计算机科学语料库和生物学语料库中，这两个词均未成为中国作者文摘中的高频关键词。这体现出法学作为一种人文社会科学学科的特点，由于文科以人类社会独有的政治、经济、文化等为研究对象，不可能脱离研究者所处的社会和国情，因此带有“中国”和“中国的”的用词必然会成为中国文科研究者的高频用词，可以预见在新闻传播学语料库中这两个词也应该是AACC-Com中的高频关键词。而理工科关注的问题与人类科学和自然思维密切相关，因此“中国”和“中国的”没有成为AACC-CS和AACC-Bio的高频关键词。

而在AACE-Law中，歧视discrimination、文章article、平等equality、公正justice、骚扰harassment、（犯的）罪crime和法庭court用词显著。这7个词均为名词，与AACC-Law中形容词偏多形成对比，中国英语变体倾向于用形容词等前置修饰成分的特点从中可以再次窥见。

可以进一步说明这个问题的还有一些词，它们是两表中各自的高频关键词，但却不是两库共有的高频关键词，如AACC-Law中的体系system、仲裁mediation、法律（复数）laws、保护protection、程序procedure、发展development、宪法的constitutional、社会society等；以及AACE-Law中的研究study、能力丧失disability、罪犯offender、程序programs、研究research、考察examines、发现findings、监狱prison、性的sexual。这种结果一方面与中外法学界的研究兴趣差异相关；另一方面也可以看出英语国家的法学研究者更注重研究本身，因此与科学研究相关的用词频率高，而中国的法学研究者更注重对社会现实的分析和综述。

再考察AAC-Law词丛的运用，通过调查对比词丛在语料库文本中的频率、形式和功能，可以进一步描述法学不同英语变体的基本特征，观察其实际用法。

运用AntConc3.3.5分别对AACC-Law和AACE-Law生成多个对应的n词词

从表（2 ≤ n ≤ 15）。计算单个词丛的频率，用该词丛的频数除以语料库文本的总词例数就可得出。本研究将词丛长度的最大值设为15，但在实际统计中，中英法学子语料库词丛的最大值分别是13和12，均在15之下。虽然也有相关研究把最大值设定为8词，本研究认为作为对语言的观察，不必进行干预。

根据n元词丛总体统计显示，仅以复现频率而言，2元词丛最为常见，随着n值增大，复现频率越小，尤其是到n值超过7以后，高于该值的词丛在哪个子库中都非常少见。n元词丛在AACC-Law和AACE-Law中的总体分布见图5-5和图5-6。

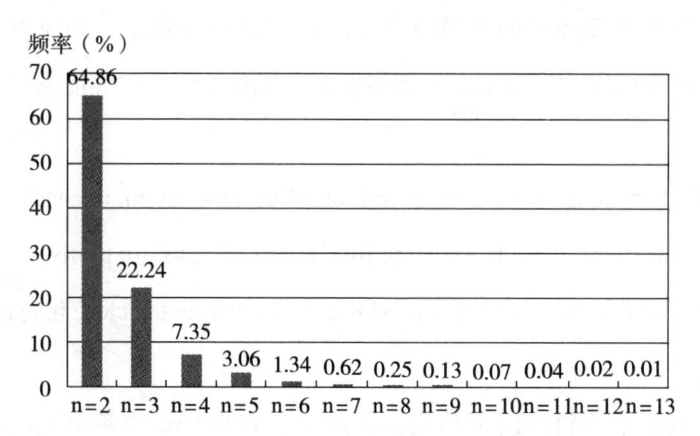

图5-5　AACC-Law语料库n元词丛分布图

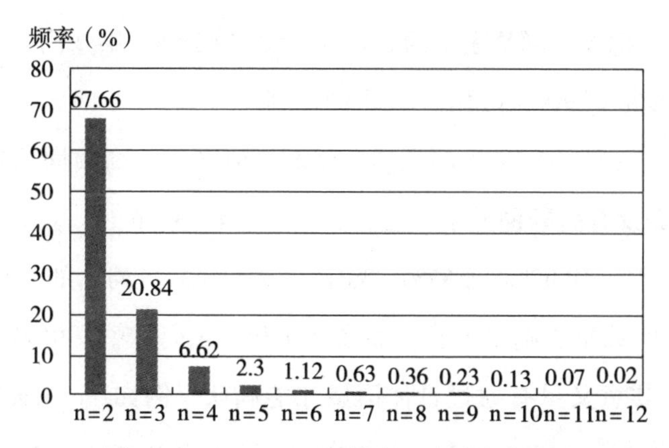

图5-6　AACE-Law语料库n元词丛分布图

这种分布趋势与前面两个子语料库的研究结果总体一致，但又有明显的不同之处，在3—7词丛分布上AACC-Law都要高于AACE-Law，与前两个子语料库的结果大致一致，而且前者的最长词丛值为13，也多于后者（12），但到了8、9、10、11词丛时，后者却开始略高于前者。这说明虽在能显示出中国本土化英语文摘比母语为英语的作者更倾向于使用词丛，但在法学学术文摘语料库中，英语国家作者的文摘在长词丛方面显示出更高的使用频率。

中外法学文摘的长词丛也显示出不同的特点。句（7）是AACC-Law中的最长词丛（n＝13），句（8）和句（9）是AACE-Law中的长词丛（n＝12）。从中会发现中国英语变体倾向于单纯用介词of引出后置定语，而英语本族语者会灵活使用多种表达方式，如定语从句和动词宾语补足语结构等使语句延长。

（7）knowledge sense and general rule **of** the new system **of** constitution **of** crime

（8）as more likely to **view** the film's defendant **as** not guilty

（9）first intercourse partners **who** were not within the close in age exemptions

通过比较两个语料库的词丛表，筛选出AACC-Law中频率高的词丛，可以把这些词丛视为本土化词丛。为了进一步弄清在AACC-Law中哪些长度的词丛本土化频率高，把n元词丛表中的高频词（设定f≥5）筛选出来，通过计算可以得出各个长度的词丛中高频词丛所占的比例。

结果显示，AACC-Law中的词丛，随着n值增大，高频词丛越来越少，在n≥7时，已经没有高频词丛了。当n＝2、3、4、5、6时，其n元高频词丛比例分别为51.86%、10.97%、9.37%、3.01%、2.42%。当词丛的长度增加时，词丛中固定短语的数量也随之增长。而在2元和3元词丛中，很多词丛属于词组或非结构体，其意义只有通过具体语境才能确认。例如：of legal、relationship between、element of、of proof in、basis of the等。再观察AACE-Law的高频词丛，当 n = 2、3、4、5 时，其 n 元高频词丛比例为 46.22%、18.61%、7.54%、1.07%。其 5 元高频词丛为 job satisfaction and organizational commitment，在 3 篇文章中出现过，分布率为 1.5%。

再观察当 n = 2 时，两库的 civil law（民法）、criminal law（刑法）和 human rights（人权）以及动词短语 lead to（导致）均很显著，显示出中外法学界共同关心的法律问题以及分析问题的基本方式。

AACC-Law 中其他高频的 2 元词丛还包括：civil procedure（民事诉讼）、legal system（法律系统）、international law（国际法）、intellectual property（知识产权）、police authority（警察当局）、unfair competition（不公平竞争）、administrative litigation（行政诉讼）、judicial reform（司法改革）、legal interpretation（法律解释）、our country（我国）、legal person（法人）、claim right（请求权）、civil society（文明社会）、judicatory remedy（司法救济）、judicial practice（司法程序）、social responsibility（社会责任）、consist of（由……组成）、eco environment（生态环境）、ecological compensation（生态补偿）等。

AACE-Law 中的其他高频的 2 元词丛还包括：sexual harassment（性骚扰）、criminal justice（司法正义）、equal treatment（平等对待）、disability discrimination（残疾区别待遇）、job satisfaction（工作满意度）、indirect discrimination（间接歧视）、organizational commitment（组织承诺）、direct discrimination（直接歧视）、genetic discrimination（基因歧视）、sexual violence（性暴力）、racial discrimination（种族歧视）、the EU（欧盟）等。此外，在 3 元词丛中，The United States（美国）出现频率高，这和法学类社会科学研究社会问题的性质相吻合，不同地域的法学研究者自然倾向于研究本地域的法学问题。

在 AACC-Law 中，3 元高频词丛包括：criminal procedure law（形式诉讼法）、human rights theory（人权理论）、real estate register（房地产登记）、in accordance with（按照）以及 the ... of 结构：the（accomplishment，application， aspect，basis，burden，conflict，construction，context，development，function，idea，mechanism，nature，normativity，perspective，principle，process，remediation，right，rule，system，theory，trend）of（……的完成、应用、方面、基础、负担、冲突、建构、内容、发展、功能、想法、机制、本质、规范性、角度、原则、过程、预先计划、权利、规则、体系、理论、趋势）等。

AACC-Law 的 4 元高频词丛包括：it is necessary to（需要去……）、the rule of law（法律规则）、on the basis of（基于……）、in the process of（在……过程中）、with the development of（随着……的发展）等。

随着词丛长度增加，短语片段逐渐减少，进一步验证了词丛越长，构成完整命题的几率越大，意义表述越完整，文本中与长词丛连用的词或短语也呈现出固定的模式和稳定的词集，如：

Adj.+N.：judicatory remedy

prep.+Adj.+N.：of judicatory remedy

N.+ prep.+Adj.+N.：right of judicatory remedy

N.+ N.+prep.+N.+Prep.：claim right of judicatory remedy

Art.+N.+ N.+prep.+N.+Prep.：the claim right of judicatory remedy

而这一结构的词丛在 AACE-Law 中频率却低得多，一方面是因为本族语者更倾向于使用定语从句等后置定语结构而不是 the ... of 结构或者前置定语结构；另一方面，形容词 judicatory（判决的、司法的）在 AACE-Law 中出现 7 次，而在 AACE 语料库中频率为零。这个词在牛津高阶词典中查不到，在拥有一亿词次的 BNC 英国英语语料库中，该词只出现一次，且出现在 1993 年之前；在拥有 4.5 亿词次的 coca 美国英语语料库中，该词也只出现 9 次，并且全部用作名词，绝大多数情况出现在 2000 年之前。因此 judicatory 比较具有中国特色，而本族语者更倾向于使用 judicial 表达相同的意思。

第四节
新闻传播学

新闻传播学子语料库（AAC-Com）共收集论文摘要400篇，其中包括200篇中国作者撰写的英文摘要AACC-Com和200篇英语国家作者撰写的英文摘要AACE-Com，其语言概貌见表5-14。

表5-14 新闻传播学子语料库AAC-Com语言概貌表

语料库名称	文本篇数	词例数	词型数	每篇文本均长
AAC-Com	400	49912	5821	125
AACC-Com	200	21661	3479	121
AACE-Com	200	28251	4492	147

运用学术语体语料库Academic作参照语料库（库容为词例数548754，词型数21306），去除停用词，得出新闻传播学子语料库关键词表（4934词例），前20个词如下：

表5-15 新闻传播学子语料库关键词表（前20词）

排 序	关键词	关键性	频 次
1	media	2624.217	489
2	communication	2178.761	422
3	news	1127.256	204

（续表）

排　序	关键词	关键性	频　次
4	study	707.952	215
5	China	598.235	103
6	information	527.829	207
7	paper	476.219	134
8	online	456.765	79
9	internet	408.244	69
10	public	397.326	138
11	Chinese	396.096	70
12	research	369.135	142
13	results	363.768	120
14	relational	342.868	63
15	journalism	337.245	57
16	messages	313.743	57
17	social	293.101	183
18	article	288.886	77
19	effects	274.313	101
20	opinion	271.126	69

从表中可以看出，前20词包括15个名词和5个形容词（online、public、social、rational、Chinese），在英文摘要中经常出现的名词包括新闻传播学研究的对象，如媒体media、新闻学journalism、信息information、消息messages、传播communication、新闻news、意见opinion 和网络internet，也包括研究用词，如研究research和study、结果results、效果effects、文章paper和article，中国作者也注重对中国本体的研究，因此，中国China和中国的Chinese的用词显著。

分别考察 AACC-Com 和 AACE-Com 各自的关键词表（见表 5-16 和表 5-17）。

表 5-16　AACC-Com 关键词表（前 20 词）

排　序	关键词	关键性	频　次
1	media	2632.684	380
2	communication	822.881	137
3	news	804.046	115
4	China	763.351	102
5	paper	643.26	126
6	Chinese	498.304	68
7	public	444.573	108
8	journalism	410.064	54
9	opinion	278.84	53
10	information	258.33	91
11	internet	258.188	34
12	social	237.365	107
13	network	233.256	49
14	newspaper	210.3	35
15	journalists	205.032	27
16	press	196.601	38
17	new	194.435	84
18	advertising	190.307	31
19	dissemination	166.757	25
20	cartoon	166.388	23

注：无底纹指示共现高频关键词，浅色底纹指示两表中不共现但属于总词表中的高频关键词，深色底纹指示非总词表中高频关键词，但属于各自词表中的高频关键词。下表同。

表 5-17　AACE-Com 关键词表（前 20 词）

排　序	关键词	关键性	频　次
1	communication	1700.534	285
2	study	670.595	169
3	media	592.954	109
4	news	555.222	89
5	results	434.476	111
6	online	414.358	61
7	relational	408.399	63
8	messages	366.205	56
9	perceived	327.36	64
10	effects	317.325	90
11	perceptions	316.101	58
12	information	306.734	116
13	participants	280.794	73
14	research	273.238	93
15	findings	271.765	51
16	exposure	258.728	46
17	internet	243.585	35
18	article	233.534	54
19	experiment	223.232	48
20	behaviors	215.746	31

排在前 20 位的高频词中，两表中共有的高频词有 5 个，分别是新闻传播学语料库高频词表的前 3 个词、第 6 个词和第 9 个词（media、communication、news、information、internet）。这是新闻学和传播学研究的最核心的问题：新闻属于信息中的一类，新闻和新闻传播是新闻学的逻辑生长点，而传播学的研究对

象是广义的信息和信息交流的现象，在这一交流现象中，媒体是信息交流的重要途径，而因特网在信息技术飞速发展的当下孕育出了又一种主要的媒体形式——网络媒体。因此，媒体、传播、新闻、信息和网络，这是任何工业化国家的新闻传播研究者必须研究的关键词。

非常值得注意的是两表中共现的高频关键词并不多，这说明新闻传播学研究的具体问题会因国别、文化和地域的不同更多地体现出多样性。两表中各有 7—8 个词既是 AAC-Com 词表中的高频关键词也是各自词表中的高频关键词，但却没有共现，这些词就可以传递出中外新闻传播学界各自不同的研究兴趣。如在 AACC-Com 中包括名词：journalism（LL 值 70.06）和 opinion（LL 值 30.96），形容词 public 和 social 用词也非常显著，LL 值分别为 69.94 和 16.73。在 AACC-Com 中，China 和 Chinese 用词非常显著，其显著性均高于法学摘要语料库，而且 Chinese 也成为 AAC-Com 的高频关键词。另一点不同的是在英语国家的传媒英语语料库中，有一篇美国作者撰写的关于中美传媒方式对比的文摘（ec99），因此在 AACE-Com 中，China 一词出现一次，Chinese 一词出现 2 次，两个词的频率都不为零。这一方面体现出新闻传播学作为一种人文社会科学学科的特点，由于其反映了社会信息化的现实，信息交流要渗透到人类的一切政治、经济、文化等活动之中，不可能脱离研究者所处的社会和国情，因此带有“中国”和“中国的”的用词必然会成为中国文科研究者的高频用词，验证了先前的预见：在新闻传播语料库中这两个词也应该是 AACC-Com 中的高频关键词；另一方面也说明信息交流是流经每一社会人类历史的水流，在信息时代一个国家或地区的兴趣点也会很快引起其他国家的关注和兴趣。

在 AACE-Com 中，study、research、results、article、effects、online、relational、messages 用词显著。这 8 个词中多数为科学用语，如研究、结果、相关的、影响等，有关具体研究的关键词不多，如：在线 online（LL 值 14.69）。relational（有关系的、亲属的）一词为 AACE-Com 语料库中独有。另外，paper

和 article 两个词在新闻传播子语料库中的表现和在中外学术文摘语料库中的表现完全吻合，即 paper 为中国作者论文摘要中的高频关键词，而 article 为英语国家作者论文摘要中的高频关键词，二者均为学术论文摘要的高频关键词。

可以进一步说明两库研究具体问题的还有一些词，它们虽是两表中的高频关键词，但却不是两库共有的高频关键词，如 AACC-Com 中的网络 network，报纸 newspaper、新闻工作者 journalists、新闻界（新闻舆论）press、新的 new、广告 advertising、宣传 dissemination、卡通 cartoon 等，以及 AACE-Com 中的觉察 perceived、观念 perceptions、参与者 participants、发现 findings、暴露 exposure、实验 experiment、行为 behaviors。这种结果一方面与中外新闻传播学界的研究兴趣、途径和理念上的差异相关；另一方面也可以看出英语国家的学者更注重研究本身，因此与科学研究相关的用词频率高，而中国的新闻传播学研究者更注重对研究对象的分析和综述。

再继续考察 AAC-Com 词丛的运用，通过调查对比词丛在语料库文本中的频率、形式和功能，可以进一步描述新闻传播学不同英语变体的基本特征，观察其实际用法。

运用 AntConc3.3.5 分别对 AACC-Com 和 AACE-Com 生成多个对应的 n 元词丛表。计算单个词丛的频率，用该词丛的频数除以语料库文本的总词例数就可得出。本研究将词丛长度的最大值设为 15，但在实际统计中，中英新闻传播学子语料库词丛的最大值分别是 8 和 18，与先前 3 个子语料库的结果有明显的不同，产生这种结果的原因主要与选取的文本内容有关，偶然因素增大。由于个别文本产生了超长词丛（$n \geqslant 15$），并不能代表一般情况，因此本次研究把最大值设定为 8 词。

根据 n 元词丛总体统计显示，仅以复现频率而言，2 词词丛最为常见，随着 n 值增大，复现频率越小，尤其是到 n 值超过 7 以后，高于该值的词丛在任一子库中都非常少见。n 元词丛在 AACC-Com 和 AACE-Com 中的总体分布见图 5-7

和图 5-8。

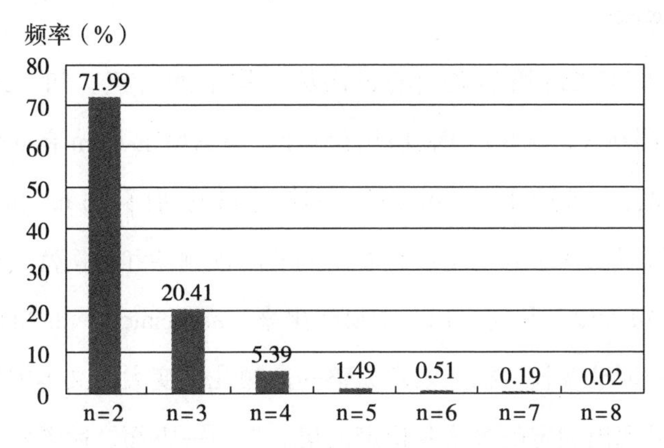

图 5-7　AACC-Com 语料库 n 元词丛分布图

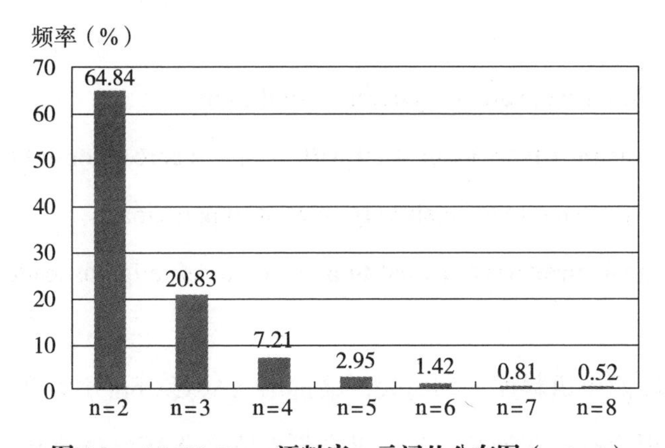

图 5-8　AACE-Com 语料库 n 元词丛分布图（n ≥ 8）

这种分布趋势虽然与前面 3 个子语料库的研究结果总体一致，但不同之处也非常明显，即在新闻传播学子语料库中，每一个 n 元词丛分布上，AACC-Com 都要低于 AACE-Com，首次显示出母语为英语的作者写出的论文摘要比中国本土化英语论文摘要更倾向于使用词丛，而且英语国家作者的文摘在长词丛方面显示出更高的使用频率。产生这种情况可能是因为新闻媒体本身就是制造新词语的强大机器，每年都会出现反映社会潮流的流行语，因此在新闻传播学论文摘要中也会出现一些惯例化的报道各种行业的流行语。当然也许还有其他原因，这还需要作进一步的考察。

先考察中外新闻传播学文摘的长词丛使用上的特点。句（10）是 AACC-Com 中的最长词丛（n = 8），而且只有一种。而 AACE-Com 在 n = 8 时，词丛有 53 种、106 例，如句（11）、句（12）和句（13）。由于 so far 和 there are 均不是高频词丛，所以从句（10）中没有看出词丛的预制性和惯例性，而这种特性却能从句（11）、句（12）和句（13）中反映出来，associated with 和 related to 均为高频词丛，随着词丛变长，构成表意完整的命题几率变大，文本中与长词丛连用的词或短语也呈现出固定的模式和稳定词集。但另一方面，后置修饰成分（如定语从语）不多。

（10）So far there are no systematic studies of

（11）was **positively associated with** people's perceptions of the

（12）was found to be **positively related to** participant

（13）goals **positively related to** perceptions of religious leader

再通过比较两个语料库的词丛表，筛选出 AACC-Com 中频率高的词丛，可以把这些词丛视为本土化词丛。为了进一步弄清在 AACC-Com 中哪些长度的词丛本土化频率高，把 n 词词丛表中的高频词（设定 f ≥ 5）筛选出来，通过计算可以得出各个长度的词丛中高频词丛所占的比例。

结果显示，AACC-Com 中的词丛，随着 n 值增大，高频词丛越来越少，在 n ≥ 5 时，就已经没有高频词丛了。当 n = 2、3、4 时，其 n 元高频词丛比例分别为 46.49%、18.78%、8.47%，同 AACC-CS，AACC-Bio 和 AACC-Law 相比，高频词丛比例不高。当词丛的长度增加时，词丛中固定短语的数量也随之增长。而在 2 元和 3 元词丛中，很多词丛属于词组或非结构体，其意义只有通过具体语境才能确认。例如：for the、media and、paper discussed、analysis of the、political and economic 等。再观察 AACE-Com 的高频词丛，当 n = 2、3、4、5、6 时，其 n 元高频词丛比例为 43.74%、16.99%、4.53%、2.97%、2.74%，高频词丛也不算多。其 6 元高频词丛为 results are discussed in terms of，在 8 篇文章中出现过，分布率为 4%，分布率很高。

再观察当 n = 2 时，两库共现的高频词丛并不多，仅有 mass media（大众媒体）、based on（基于）、such as（例如）等，这显示出中外新闻传播研究关注的问题和表达方式的多样性。

AACC-Com 中其他高频 2 元词丛还包括：public opinion（公共舆论）、in China（在中国）、this paper（本文）、new media（新媒体）、agenda setting（议程设置）、media environment（媒体环境）、traditional media（传统媒体）、We Media（自媒体）、mass communication（大众传播）、environmental protection（环境保护）、interpersonal communication（人际交流）、opinion leaders（意见领袖）、social support（社会援助）、advertising industry（广告业）、communication technology（传播技术）、harmonious society（和谐社会）、information diffusion（information dissemination）（信息传播）、media criticism（媒体批评）、online advertising（在线广告）、public affairs（公共事务）等。

AACE-Com 中的其他高频 2 元词丛还包括：associated with（和……相联系）、related to（与……有关）、self disclosure（自我暴露）、gender difference（性别差异）、social capital（社会资本）、communication skills（交流技巧）、online dating（在线约会）、topic avoidance（避免话题）、communication partners（交流伙伴）、structural equation（结构平衡）、crisis communication（危机交流）、this article（本文）、online news（在线新闻）、technical communication（技术交流）、deception theory（欺骗理论）、information seeking（信息寻求）、information sharing（信息共享）、social interaction（社会互动）、theoretical framework（理论

框架)、communication competence(交流技能)、shared cognition(共识)等。此外，在3元词丛中，face to face(面对面)、third person perception(第三人的感知)等出现频率高，这也和新闻传播学研究社会问题的性质相吻合，不同地域的新闻传播研究者自然倾向于研究本地域的社会、政治及文化问题。

在AACC-Com中，3元高频词丛包括：as well as(以及)、in order to(为了)、journalism in China(中国的新闻业)、Voice of America(美国之音)以及the... of结构：the(analysis，basis，characteristics，concept，construction，context，development，history，influence，period，perspective，process，way)of(……的分析、基础、特点、概念、建构、背景、发展、历史、影响、时期、角度、过程、方式)等。

AACC-Com的4元高频词丛包括：in the context of(在……背景下)、is one of the(是……之一)、freedom of the press(出版自由)、during the period of(在……期间)、from the perspective of(从……的角度)、in the process of(在……的过程中)、of the mess media(大众传媒的)、the public opinion on(对……的公共意见)等。

随着词丛长度增加，短语片段逐渐减少，意义表述越完整，文本中与长词丛连用的词或短语也呈现出固定的模式和稳定的词集，如：

Adj.+N.：public opinion

Art.+Adj.+N.：the public opinion

Art.+ Adj.+N.+prep.：the public opinion on

Art.+ Adj.+N.+prep.+N.：the public opinion on advertisement

中国学者撰写的新闻传播学英语论文摘要与其他专业英语论文摘要相比较在语言中体现出一些明显的不同，总结起来大致包含以下几点：词例少，词丛少，特殊词丛多，话题多样，风格多样而且灵活，惯例性词丛不多。这些都体现出了比较明显的语域差异。

第五节
计算语言学

最后来考察一个文理跨学科专业：计算语言学。该子语料库 AAC-CL 共收集论文摘要 400 篇，其中包括 200 篇中国作者撰写的英文摘要 AACC-CL 和 200 篇英语国家作者撰写的英文摘要，其语言概貌见表 5-18。

表 5-18　计算语言学子语料库 AAC-CL 语言概貌表

语料库名称	文本篇数	词例数	词型数	每篇文本均长
AAC-CL	400	50432	5183	126
AACC-CL	200	20058	2810	100
AACE-CL	200	30374	4220	151

运用学术语体语料库 Academic 作参照语料库（库容为词例 548754，词种数 21306），去除停用词，得出计算语言学子语料库关键词表（4348 词例），前 20 个词如下：

表 5-19　计算语言学子语料库关键词表（前 20 词）

排　序	关键词	关键性	频　次
1	Chinese	1264.756	217
2	language	1142.593	333

（续表）

排　序	关键词	关键性	频　次
3	semantic	1014.683	181
4	model	1000.273	282
5	paper	995.241	237
6	corpus	963.274	166
7	based	876.113	252
8	word	842.906	205
9	computational	763.31	138
10	linguistics	666.291	125
11	translation	653.491	126
12	processing	601.399	130
13	algorithm	566.603	110
14	parsing	540.734	93
15	method	528.719	175
16	syntactic	524.497	96
17	linguistic	502.794	121
18	information	430.1	181
19	words	417.311	147
20	lexical	417.233	80

从表中可以看出，前20词包括13个名词和7个形容词（Chinese、semantic、based、computational、syntactic、linguistic、lexical），说明在英文摘要中经常出现的名词包括计算语言学研究的对象，如语言学 linguistics、语言 language、信息 information、词汇 word（s）、翻译 translation，以及研究方法和手段，如：语料库 corpus、处理 processing、剖析 parsing、算法 algorithm、模型 model，同时

也注重方法 method，另外，论文 paper 出现频率也显著。

分别考察 AACC-CL 和 AACE-Cl 各自的关键词表（见表 5-20 和表 5-21）。

表 5-20　AACC-CL 关键词表（前 20 词）

排序	关键词	关键性	频　次
1	Chinese	1626.115	215
2	language	840.807	193
3	semantic	798.401	111
4	paper	776.395	145
5	corpus	617.633	83
6	translation	604.708	90
7	processing	604.191	99
8	linguistics	591.391	86
9	based	574.006	134
10	computational	542.602	77
11	word	457.753	94
12	model	456.623	115
13	method	418.087	106
14	machine	350.615	69
15	syntactic	345.558	50
16	information	310.557	101
17	parsing	305.006	41
18	algorithm	281.044	45
19	research	254.182	77
20	words	244.791	72

注：无底纹指示共现高频关键词，浅色底纹指示两表中不共现但属于总词表中的高频关键词，深色底纹指示非总词表中高频关键词，但属于各自词表中的高频关键词。下表同。

表 5-21 AACE-CL 关键词表（前 20 词）

排 序	关键词	关键性	频 次
1	model	637.549	167
2	corpus	556.759	83
3	word	485.595	111
4	language	445.137	140
5	semantic	438.961	70
6	based	400.59	118
7	computational	378.379	61
8	algorithm	377.836	65
9	linguistic	374.05	80
10	paper	372.41	92
11	lexical	369.876	61
12	parsing	350.748	52
13	syntactic	282.185	46
14	grammar	262.831	53
15	languages	258.274	47
16	article	226.638	53
17	linguistics	218.461	39
18	words	208.801	75
19	parser	206.14	31
20	models	190.285	55

排在前 20 位的词中，两表中共有的高频关键词多达 13 个，分别是计算语言学语料库高频词表中的第 2 至第 10 个词，第 13、14、16、19 个词（language 语言、semantic 语义的、model 模型、paper 论文、corpus 语料库、based 基于、word 词、computational 计算语言学的、linguistics 语言学、algorithm 算法、parsing 剖析、syntactic 句法的、words 词汇）。与前面 4 个子语料库相比，中

外计算语言学研究共同关心的问题最多。这是 AAC-CL 子语料库的一个突出特点，说明这一学科体现出明显的国际化特点。另一方面，表 5-20 中有 5 个词是 AAC-CL 词表中的高频词但却不是表 5-21 的高频词，如在 AACC-CL 中的名词：translation 翻译（LL 值 51.7）、processing 处理（LL 值 71.17）、method 方法（LL 值 61.49）、information 信息（LL 值 18.89），这也体现出中国计算语言学专业研究的主要方向，如自动翻译、信息处理和方法改进问题等。表 5-21 中有 2 个词是 AAC-CL 词表中的高频词，但却不是表 5-20 的高频词，如：linguistic 语言学的和 lexical 词汇的，其 LL 值分别为 1.79（不显著）和 9.19，从中不难看出英语国家计算语言学研究明显的研究特色。在 AACC-CL 中，Chinese 用词非常显著，而且这个词也是计算语言学子语料库 AAC-CL 关键词表中排名第一的关键词。与上面两个文科子语料库 AAC-Law 和 AAC-Com 的不同之处在于此词在英文作者计算语言学摘要中出现次数为 2，不为零，而 China 却不是高频词。这也恰恰体现出计算语言学兼具文科和理科的跨学科特点，一方面，计算机科学具有理科特点，其关注问题与人类科学和自然思维密切相关，没有国界的限制，因此中外学者共同关注的关键词多，而表示国家用词不显著；另一方面，语言学属于一种人文社会科学学科，还要以人类社会独有文化为研究对象，不可能脱离研究者所处的社会，因此带有“中国的”（或“汉语”）的用词会成为高频用词。

可以进一步说明中外不同研究特色的还有一些词，即属于各自词表中的高频关键词，但却不是计算语言学子库共有的高频关键词，如 AACC-CL 中的机器 machine（LL 值 37.6）和研究 research（LL 值 45.44）等，以及 AACE-CL 中的语法 grammar（LL 值 0.16）、多语言 languages（LL 值 7.76）、文章 article（LL 值 4.90）、剖析器 parser（LL 值 4.32）、模型 models（LL 值 4.90）。从中虽能看出中国计算语言学专业的研究重点课题之一是机器（翻译），但对于英语国家学者的研究兴趣如语法、（多）语言、（多）模型或者剖析器等还是有所涉猎的，因此这些词的显著性并不高。

再考察 AAC-CL 词丛的运用，通过调查对比词丛在语料库文本中的频率、形式和功能，可以进一步描述计算语言学不同英语变体的基本特征，观察其实际用法。运用 AntConc3.3.5 分别对 AACC-CL 和 AACE-CL 生成多个对应的 n 元词丛表（$2 \leqslant n \leqslant 15$）。计算单个词丛的频率，用该词丛的频数除以语料库文本的总词例数就可得出。本研究将词丛长度的最大值设为 15，但在实际统计中，中英计算语言学子语料库词丛的最大值分别是 11 和 12，均在 15 之下。

根据 n 元词丛总体统计显示，仅以复现频率而言，2 元词丛最为常见，随着 n 值增大，复现频率越小，尤其是到 n 值超过 7 以后，高于该值的词丛在两个子

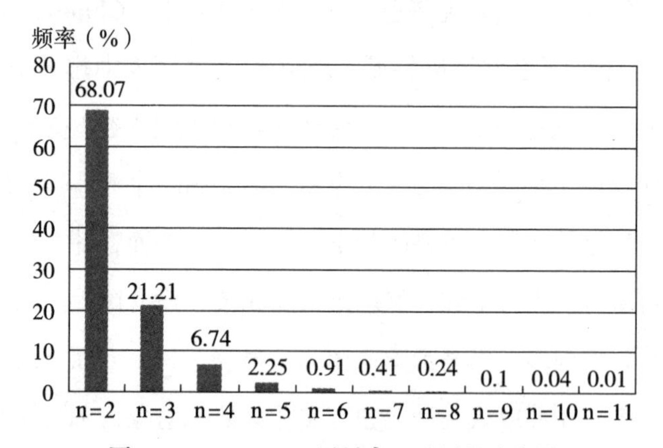

图 5-9　AACC-CL 语料库 n 元词丛分布图

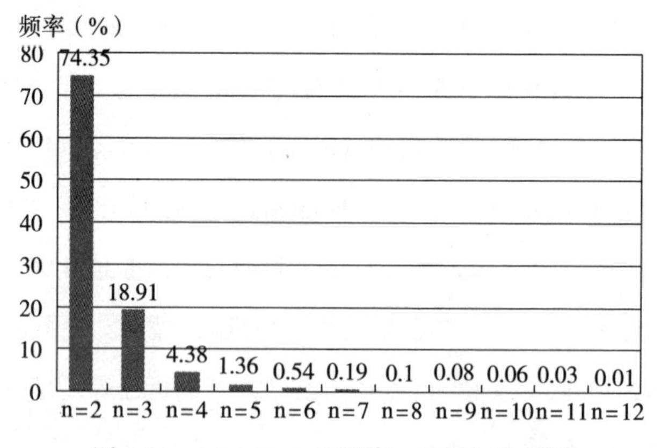

图 5-10　AACE-CL 语料库 n 元词丛分布图

库中都非常少见。n元词丛在 AACC-CL 和 AACE-CL 中的总体分布见图 5-9 和图 5-10。

这种分布趋势与法学子语料库的研究结果大致一致，即在 3—9 元词丛分布上 AACC-CL 都要高于 AACE-CL，与计算机和生物子语料库的结果也基本一致，但在 n = 10 时，二者分布律大致相等，到了 n = 11 时，后者却开始略高于前者，而且后者的最大词丛数也高于前者一个词丛。这说明一方面再次显示出中国本土化英语论文摘要比母语为英语的作者写的摘要更倾向于使用词丛；但另一方面，在长词丛方面也会有特殊情况，如英语国家作者的论文摘要在长词丛方面显示出更高的使用频率。

考察中外计算语言学文摘的长词丛的特点。句（14）是 AACC-CL 中的最长词丛（n = 11），句（15）是 AACE-CL 中的长词丛（n = 11）。从中依然会发现中国英语变体倾向于使用介词 of 引出后置定语，和“名词 + 名词”的结构，而英语本族语者会灵活使用多种表达方式，如定语从句和动词宾语补足语结构等使语句延长。

（14）... natural language processing. After a brief summarization ***of*** several treebank annotations ...

（15）Examples of nouns ***which can function as signaling nouns are attitude*** ...

通过比较两个语料库的词丛表，筛选出 AACC-Law 中频率高的词丛，可以把这些词丛视为本土化词丛。为了进一步弄清在 AACC-CL 中哪些长度的词丛本土化频率高，把 n 元词丛表中的高频词（设定 f ≥ 5）筛选出来，通过计算可以得出各个长度的词丛中高频词丛所占的比例。

结果显示，AACC-CL 中的高频词丛不多，在 n ≥ 5 时，就已经没有高频词丛了。当 n = 2、3、4 时，其 n 词高频词丛比例分别为 46.73%、22.67% 和 10.48%。当词丛的长度增加时，词丛中固定短语的数量也随之增长。而在 2 元和 3 元词丛中，很多词丛属于词组或非结构体，其意义只有通过具体语境才能确认。例如：model is、for Chinese、which are、Chinese and、information need、tone category、this paper we、of the art 等。再观察 AACE-CL 的高频词丛，当 n = 2，3，4，5 时，其 n 元高频词丛比例为 45.82%、18.30%、9.37%、2.04%。其 5 元高频词丛为 in this paper we present，在 5 篇文章中出现过，分布率为 2.5%，高于前 4 个子语料库的高频词丛分布率。

再观察当 n = 2 时，两库的 word sense（词义）、machine translation（机器翻译）、natural language（自然语言）、computational linguistics（计算语言学）、language processing（语言处理）、semantic role（语义角色）、sense disambiguation（意义消歧）、corpus based（基于语料库）、knowledge base（知识本体）、sentiment classification（情感分类）、anaphora resolution（指代消解）、language model（语言模型）等均很显著；当 n = 3 时，两库的 in this paper（在本文中）、natural language processing（自然语言处理）、as well as（也）、word sense disambiguation（词义消歧）等词丛也都很显著。

由此可见，在计算语言学论文摘要子语料库中共现的高频词丛明显高于以上 4 个专业子语料库，显示出中外计算语言学专业研究中有很多共同关心的问题和相同的研究范式。

AACC-CL 中其他高频 2 元词丛还包括：information processing（信息处理）、Chinese language（中文）、translation system（翻译系统）、experimental results（实验结果）、word segmentation（词语切分）、Chinese English（中国英语）、functional words（功能词、虚词）、Peking University（北京大学）、information retrieval（信息检索）、discourse analysis（话语分析）、statistical data（统计数据）、semantic similarity（意义相似度）、Chinese grammar（汉语语法）、sentence group（句群）、bilingual corpus（corpora）(双语语料库)、candidate model（候选模型）、modern Chinese（现代汉语）、structural alignment（结构对齐）等。

AACE-CL 中的其他高频 2 元词丛还包括：distributional similarity（分布相似度）、context free（上下文无关）、lexical chains（词汇链）、second language（第二语言）、seletional preferences（选择倾向）、discourse structure（话语结构）、linguistic knowledge（语言知识）、phonological rules（语音规则）、signaling nouns（信号名词）、attribute value（特征值）、cache model（存储模型）、computational models（计算模型）、knowledge sources（知识源）、language learning（语言学习）、linguistic analysis（语言分析）、lexical information（词汇信息）、linguistic analysis（语言分析）、parsing system（剖析系统）、question answering（问答）、training data（训练数据）、Penn Treebank（宾州树库）等。此外，在 3 元词丛中，in this article（在本文中）、statistical machine translation（统计机器翻译）的出现频率也很高，这是英语国家计算语言学研究者有倾向性的研究模式。

在 AACC-CL 中，特有的 3 元高频词丛还包括：Chinese information processing（中文信息处理）、machine translation system（机器翻译系统）、language information processing（语言信息处理）、Chinese word segmentation（中文分词）、contrastive Discourse analysis（对比话语分析）、natural language processing（自然语言处理）、natural language understanding（自然语言理解）、part of speech（词性）、semantic role labeling（语义角色标注）以及 the ... of 结构：the（basis，construction，development，field，meaning，process，research，size，theory）of（……的基础、结构、发展、领域、意义、过程、研究、大小、理论）等。

AACC-CL 中的 4 元高频词丛包括：in this paper we（本文中我们……）、state of the art（最新技术水平）、part of speech tagging（词性标注）、can be used to（能被用于）、on the basis of（在……的基础上）、in the field of（在……领域中）和 one of the most（最……之一）等。值得关注的是前两项词丛在 AACE-CL 中也是

高频词丛。

随着词丛长度增加，短语片段逐渐减少，这进一步验证了词丛越长，构成完整命题的几率越大，意义表述越完整，文本中与长词丛连用的词或短语也呈现出固定的模式和稳定的词集，如：

N.+N.：Language Processing

Adj.+ N.+N.：Natural Language Processing

prep.+ Adj.+N.+N.：of Natural Language Processing

Art.+ N.+ prep.+Adj.+ N.+N.：the field of Natural Language Processing

prep.+ Art.+ N.+ prep.+ Adj.+ N.+ N.：in the field of Natural Language Processing

而这一词丛在 AACE-CL 中的频率却低得多，一方面再次印证了本族语者更倾向于使用定语从句等后置定语而不是 the ... of 结构；另一方面，field 是一种模糊范围名词，中国英语变体中多用 in the field of 这种惯例化的结构，指“在……领域”，多是受到母语思维的影响，而英语本族语者不倾向于使用程式化的词丛，而是用简单的 in Natural Language Processing 结构指代。

本章描述和研究了计算机科学、生物学、法学、新闻传播学和计算语言学 5 个子语料库的典型词汇和用法，分别生成各子库的关键词表和词丛分布图；同时还在各专业内部对比了中外论文摘要作者的典型用词和词丛。总体来说，各专业有各自的研究内容和研究范式，因此不论是中国学者还是英语国家的学者，都有一些共同的专业术语（词汇和词丛），也有一些共同的研究内容、研究对象和研究方法；但同时，中外学者在各专业上也有自己独特的研究对象和内容，在词语和词丛使用上也不同。在词丛的分布方面，总体来说，中国本土化英语论文摘要作者比母语为英语的作者更倾向于使用惯例性、模块化的套语，而本族语者用词更加灵活，套语的使用频率相对比较低。

词汇上的不同在不同子库中的体现也有所差别：在计算机科学和生物学两个

理科语料库中，中外研究共现的关键词汇要多于法学和新闻传播学两个文科语料库，其中使用词汇和词丛差异最大的是新闻传播学语料库，而共现词和词丛最多的却出现在跨学科专业的计算语言学语料库。这是因为计算语言学是相比较来说新兴的跨学科专业，其在中国的产生和发展一直都深受国际的影响，从这个意义上来说，计算语言学属于一门国际化的学科，目前中国学者也在积极地培养一种国际视野来从事计算语言学专业的国际研究，一直注重采用国际水平和标准来规范和促进自身的研究，始终都在学习国外计算语言学界的最新进展和成就，因此在计算语言学子语料库中，中外学术文摘的关键词高度共现，其词丛分布和n元词丛也有较高相似度，中国计算语言学论文摘要的语言，既有中国特色，又体现出国际研究的动向和潮流。

第六章

中国英语学术论文摘要典型语言特征

> Speech is a mirror of the soul；as a man speaks，so is he.
>
> ——Ephraem Syrus
>
> 语言是心灵的镜子；一个人只要说话，他说的话就是他的心灵的镜子。
>
> ——埃弗拉伊姆·塞拉斯

我们知道，语体之间的不同从某种意义上来说是由不同文本中各语言单位的使用频率的差异所引起的。很多语言学家承认语体是受语言单位使用频率的影响（Oakes，1998：215；Enkvist，1973；McEnery & Wilson，1996：101；Biber，1988）。在对两个文本进行比较时，可能会发现一个语言项目出现在一类文本中，而不会出现在另一类文本中，可能在某一篇中比另一篇中更频繁，也可能在两篇中频率大致相同。如果某一个特征项目的出现频率和出现形式在两类或两个文本中有差异，该项目即可作为区分两个文本的重要语体特征（又称为语体标记）之一。如果某个项目在两类或两个文本中大致相同，那么，对这些文本来讲，它们是非标记性的，或是中性的。

恩克韦斯特把语体风格定义为语言项目的概率的集合（Enkvist，1964）。他认为，语体标记指的是在某些语境中极多或极少出现的语言项目。出现在同一文本中的语体标记构成该文本的语体标记集。相关但不同语境中出现的大量文本共有的语体标记构成一个主要的语体标记集。含有主要语体标记的文本属于同一主要语体。

本章试图在中国英语学术摘要语体中总结出一些能体现中国英语变体特色的词汇和句法方面的语体标记。也许这些标记特征并不能穷尽中国英语变体的语言特征，只是一些代表，或者仅能从学术英语摘要这一语体形式中体现出来的特征，但它们却是在当前中国英语变体研究或英语作为世界英语研究中经常被提到或被关注的。此外，这里要描述的中国英语变体语言特征有两层含义：第一是属于中国英语变体中特有，而英语本族语者从不使用的语言现象；第二是中国英语变体中使用显著，而英语本族语者使用相对偏少的。

虽然我们的目标是要详细描述语言变体的语言学特征，但在分析这些特征时会不可避免地折射出社会语言学的本质。因为中国英语的“中国特点”的不可避免性主要是由讲汉语的人固有的思维模式和中国特有的传统文化所致。语言学家魏斯格贝尔（Leo Weisgerber）认为，语言不同，“语言世界图像”也不同。萨丕尔（Edward Sapir）和沃尔夫（Benjamin Lee Whorf）也坚持认为语言不同的人，思维就不相同。他们的这种语言决定论虽遭到不少人的批驳，但大家还是承认：不同语言的不同结构会影响人们的思维方式以及人们的感知。洪堡德（Wilhelm von Humboldt）曾说过，人们世界观的形成要通过语言这一手段才能实现。贾冠杰和向明友（1997）也坚持：语言习得的完成是人们思维方式形成的标志。

第一节
词汇层面
——中国学术论文摘要英语典型单词和词丛

语言主要有两种功能：社会交际功能和人类思维功能。语言是处于不断变化之中的，其变化会发生在所有的语言因素中：语音，词汇、句法和语义系统等。虽然每一个语言成分都会发生变化，但总是有一些语言因素更容易发生变化。一般来说，词汇方面的语言变化比其他语言体系的变化更明显（何兆熊、梅德明，1999：131）。而在语体特征研究中，词汇使用上的特征也会成为凸显的语体标记。

一、动词单数形式多，复数形式少

在 AACC 语料库词表中按出现频率高低提取前 20 个动词词型，再参照语料库 AACE 同样提取前 20 个动词词型，以观察中国学术论文摘要中常用的动词：

表 6-1　中国学术论文摘要英语和英语国家学术论文摘要英语常用动词表

中国学术论文摘要英语	1. be	2. base	3. have	4. propose	5. use
	6. show	7. relate	8. compare	9. analyze	10. make
	11. become	12. apply	13. find	14. construct	15. discuss
	16. obtain	17. give	18. develop	19. improve	20. increase
英语国家学术论文摘要英语	1. be	2. have	3. base	4. use	5. relate
	6. show	7. support	8. associate	9. find	10. provide
	11. suggest	12. compare	13. develop	14. increase	15. examine
	16. discuss	17. describe	18. observe	19. perceive	20. report

在前20个常用动词中，有11个是两个语料库中共现的动词，包括：be（是）、base（基于）、have（有）、use（使用）、show（显示）、relate（把……联系起来）、compare（比较）、find（发现）、discuss（讨论）、develop（发展）和increase（增加）。

如果说动词是英语语言的灵魂，那么这些动词就是学术英语论文摘要的灵魂所在。根据其摘要的基本结构（IMRD模式），通过这些共现的动词，可以尝试组织出英文摘要基本模式：

介绍（Introduction）：

______ is / are (has / have been) _____.

______ have effect (influence) on ______.

方法（Method）：

Using _____， we develop _______. (______ is used.)

We discuss _____， based on _____.

结果（Result）：

Compared with _____， the (results) show that _____ is related to _____.

_______ is/are/has been/have been found (increased)； _______ increase (s).

讨论（Discussion）：

______ can be further discussed.

以下论文摘要就是按照此模式撰写而成，介绍了对汉语依存句法网络的复杂网络性质的研究，包括研究内容、方法、结果和讨论，构成较为完整的学术论文摘要样例。

英文摘要样例：

In this paper, the properties of complex network have been discussed. We ***develop*** Chinese syntactic dependency network ***based*** on a large corpus, ***using*** complex network as the tool to analyze the language network. The network ***shows*** two important features: the small world effect and the scale-free property. The statistical properties ***are found to be*** similar, ***compared with*** Czech, German and Romanian, which ***indicate*** that human languages ***are related*** by some underlying common characteristics despite of their different grammar rules. The common characteristics ***can be further discussed*** which might ***be*** useful for the study of evolution and essence of human languages.（words：100）

本文对复杂网络性质进行了讨论。基于大规模语料库，我们建立了汉语依存句法网络，并从复杂网络的角度对该网络进行了系统的实验考察。实验结果表明汉语依存句法网络具有复杂网络的两个基本性质：小世界效应和无标度特性。汉语的这些句法上的统计特性，与捷克语、德语和罗马尼亚语等相比较极为相似，说明虽然不同语言有着极为不同的句法规则，但它们具有类似的统计特性。这种共性有助于对人类语言本质的研究，值得深入探讨。（共196字）

在这种模式基础上，具体考察这些共现动词词型在不同时态、人称等方面变化下的词型频率，从中还可以发现同一词根的不同词型在不同语体中使用频率的不同，中国英文摘要在用词方面的特点也可以窥见。

由前面的学术英语常用动词表可以看出，不论是中国作者还是外国作者，其学术论文英文摘要中最常用的动词都是be，说明如果考察动词be在不同时态、人称等方面变化下的词型频率，以及对比它的不同词型在两种语体中的使用频率，能比较显著地反映出中外作者论文摘要在用词方面的一些特征。

这里具体考察动词be的一般现在时第三人称单数、一般现在时复数、不定式原型、过去时单数、过去时复数、过去分词和现在分词 6 种形式在 AACC 和 AACE 两库中的出现频率（根据前面研究结果显示，在学术论文摘要这种文体中没有出现第一人称现在时单数 I，因此也没有 am 这种 be 动词词形出现），通过相互比较，形成 be 动词各词形出现频次对比一览表，见表 6-2。

表 6-2　be 动词各词形出现频次对比一览表

	语料库 1		语料库 2			
	AACC	128641	AACE	162637		
Be 动词	AACC 中的频次	AACE 中的频次	LL 值	显著性 p 值		
is	1801	1633	94.72	0.000	***	+
are	705	1095	18.41	0.000	***	–
be	568	618	6.65	0.010	**	+
was	509	598	1.48	0.224		+
were	322	519	11.92	0.001	***	–
been	190	304	6.59	0.010	*	–
being	55	64	0.20	0.652		+

注：$LL > 3.84$，$p < 0.05$ 可视为显著；* 代表显著程度，*** 表示非常显著，** 表示比较显著，* 则表示显著；+ 代表正显著，– 表示负显著。

从表中可以看出，中国学术论文摘要多使用 be 的一般现在时第三人称单数形式 is，而且显著性非常高，例如：

（1）The use of precipitation ***is*** an efficient method for selective separation of proteins from crude biological mixtures in the downstream processes of bio-engineering.（bc02）

用高分子电解质从大规模的低浓度溶液中选择性地沉淀目的蛋白质，为生物工程的下游处理开辟了一条新途径。

（2）Human bocavirus（HBoV）***is*** a recently discovered parvovirus，which ***is*** suspected to be an etiologic agent of respiratory disease and gastrointestinal disease in human.（bc100）

人类博卡病毒（Human bocavirus，HBoV）是继细小病毒 B19 之后，第 2 个被近期发现可引起人类疾病的细小病毒。

（3）Natural language generation ***is*** the research area that studies how the computer can be used to generate natural language text.（c107）

自然语言生成是研究如何用计算机来生成自然语言文本的研究领域。

（4）It ***is*** crucial to improve the fairness among flows in wireless mesh networks.（cc02）

改善无线 Mesh 网中各流间公平性至关重要。

（5）Any norm ***is*** to prepare a scheme for dispute resolution，folk law included.（lc105）

一切规范的存在，都是为给纠纷解决预备一套方案，民间法也不例外。

（6）The goal of the study ***is*** to stand up for the humanistic view of "subject is human" ...（nc121）

本文目的之一是维护"主体是人"的人本观点……

但是在复数动词的使用上，不论是现在时 are，还是过去时 were，使用频率都显著低于英语国家学术论文摘要。可能的原因之一是，中国英语论文摘要中 we 出现的频率要少得多，因此 we+are 的结构也必然少于 AACE，事实上也是如此，AACC 中此结构仅出现 1 次，而 AACE 中出现 11 次。例如：

（1）***We are*** hereby making an introduction to the SPECIFICATION through this publication，thus inviting the comments from all the experts and our colleagues for the improvement of it.（c99）

发表《北京大学现代汉语语料库基本加工规范》是为了抛砖引玉，更广泛地向专家、同行征询意见，以便进一步修订。

（2）***We are*** exploring the development and application of information visualization techniques for the analysis of new massively parallel supercomputer architectures.（ce75）

为分析新型平行超级计算机结构，我们在探索信息可视化技术的发展和应用。

（3）As yet，a rigorous analysis methodology has not been developed and ***we are*** still in the stages of exploring the features of the data.（be19）

由于还没有开发出严格细致的分析方法，我们还处于数据特征的探索阶段。

（4）We find that ***we are*** able to extract classes that have the flavor of either syntactically based groupings or semantically based groupings.（e169）

我们发现能够提取出倾向于基于句法的归类或基于语义的归类特征的类别。

另一方面，由于中国作者比较注重单个实体的描述和评测，而英语国家作者已经更多地从单个体系研究转向大规模对象实例的研究上，因此单数 be 动词在 AACC 中相应会多一些，复数 be 动词在 AACC 中要少一些；此外，由于代词一般是在实例对象的研究中才有更多体现，而这种实例对象研究更多会体现在理工科类文摘中，因此可以推断出在 AACC 中的理工科类文摘中 are 的出现频率要低于 AACE 中的理工类文摘，利用 AntConc 检索，得出 are 在各理工科类文摘中出现的频率，事实上也确实如此。见表 6-3。

表 6-3　are 在理工科类子库中的出现频次比较表

子　库　类	AACC 中 *are* 的频次	AACE 中 *are* 的频次	LL 值	显著性 p
生物学＋计算机科学＋计算语言学	460	750	18.78	0.000 ***–
生物学＋计算机科学	329	499	6.65	0.010 **–
计算语言学	131	251	15.44	0.000 ***–

在描述多对象实例时，AACE 中 *are* 的出现频率较高，如：

（1）However，more applicable methods based on likelihood ratio tests ***are*** available that yield good results with relatively small samples.（e151）

然而，会得到更多的基于或然性比率测试的可适用性方法，这些方法能够用少数样例得到好的结果。

（2）Grammars ***are*** written in grammatical formalisms that resemble very-high-level programming languages，and are thus very similar to computer programs.（e92）

语法都是以语法的程式书写，类似于高水平的编程语言，因此与计算机程序非常相似。

（3）the parsing speeds ***are*** significantly higher than those reported for comparable parsers in the literature.（e56）

剖析速度明显高于综述中提到的那些用于对比的剖析器。

（4）Cartilage repair strategies aim to resurface a lesion with osteochondral tissue resembling native cartilage，but a variety of repair tissues ***are*** usually observed.（be197）

软骨修复技术致力于用类似天生软骨的组织来修复损伤表面，但是经常会出现多种多样的修复组织。

were 的用法也是同样的道理：

（5）These contests ***were*** designed to provide researchers with a better understanding of the tasks and data that face potential end users.（ce32）

设计这些竞赛是为了使研究者对潜在终端用户所面临的任务和数据有更深层次的理解。

（6）Type IV collagen and laminin were distributed throughout the gut lamina propria in disease but ***were*** restricted to the basement membrane in controls.（be128）

第四类胶原和层粘连蛋白分布在了患病状态下的肠粘连固有层，但被限制在受控基底膜的范围之内。

但在 there+are、these+are，以及 are+ 动词过去分词等结构的使用频率上，中外学术论文摘要无明显差别，如：

（1）***There are*** three ways to settle disputes in modern times.（lc105）

现代社会解决争端的方式有三种。

（2）***There are*** two main modes to identify terrorist organization in terms of legal basis and the subjects of identification.（lc41）

从法律依据和认定主体的角度来分类，认定恐怖主义组织的机构模式主要有两种。

（3）***These are*** fundamental questions in life science researches.（bc175）

生命科学研究中有一些根本问题。

（4）Many measures ***are used*** for guaranteeing the consistency.（c59）

有很多措施能用来保证一致性。

（5）Then，the potential functions of a data field ***are taken*** into account to revise the relevance of an ontology element according to its surroundings.（cc172）

然后，利用数据场势函数引入周围本体元素对当前元素的影响，修正初始相关度，并最终确定本体间的相关子本体。

此外，动词 find 和 show 都能显示出在 AACC 中单数第三人称使用频率高的情况（finds 的 LL 值为 6.38，shows 的 LL 值为 3.85，均为显著）。

二、showed 过去时形式使用频率高

动词 show 虽也同样可以说明中国英语论文摘要中动词单数形式多，而复数形式使用少的情况，但更能说明中国英语论文摘要会更多地使用过去时，而较少使用完成时这一特点。由于 show 属于特殊变化动词，其过去式和过去分词形式不同，因此可以清晰看出 show 的过去时的使用频率情况。

表 6-4　动词 show 过去时使用情况对照表

Show 的词形	AACC 中的频次	AACE 中的频次	LL 值	显著性 p 值
showed	111	54	35.73	0.000***+

在学术论文中，完成时一般用于陈述前人已经完成的研究；一般过去时用于描述作者完成的工作（Burrough-Boenisch，2003）。在学术论文摘要语料库中，中国作者的英文摘要过去时使用频率总体是低于 AACE 的（见表 4-4），但具体的 showed 的使用频率却非常显著，在第四章讨论分类子语料库时，已经发现 showed 是中国生物学论文摘要 AACC-Bio 的独特的高频关键词，4 元词丛 the results showed that 也是高频词丛，由于其出现频率高，showed 还成为生物学文摘 AAC-Bio 的高频关键词。由此可以看出中国学术论文摘要尤其是理科研究类论文摘要中，常会用 showed 来描述作者已经完成的研究所显示出的结果，翻译

成“显示出了”。

三、N+based 结构显著

中国学术英文摘要语料库中动词 base 成为第二高频动词，而与其他动词不同的地方在于在全语料库中只有这个动词以一种形式出现，即过去分词 based 形式。based 在 AACC 语料库中出现 483 次，仅以两种搭配结构出现，一种是和 on 或者 upon 右连接搭配构成动词短语（这一搭配共出现 337 次，也是非常显著）；另一种就是以名词 N+based（一般两词中间有连字符，如 corpus-based，但个别情况下没有连字符）组成的合成词形式（这种形式出现 146 次）。N+based 结构译成“基于 N”，其中前面的名词 N 多种多样，如 algorithm、task、rule、statistics、corpus 等，组成如下合成词（按字母顺序排列）：

algorithm-based（基于算法的），automatic post-processing based（基于自动后处理的），AVMs based（基于特征值模型的），BLEU（Bilingual Evaluation Understudy）score-based（基于 BLEU 双语评测得分的），case based（基于案例），cell-based（基于细胞），community-based（基于社区的），corpus-based（基于语料库的），correlation based（基于相关性的），counter-based（基于计数器的），corn stover-based（基于玉米秸秆的），CTMO（Color-Time Marks Object）based（基于 CTMO 颜色时间标记对象的），dictionary-based（基于词典的），division-of-labor based（基于分工的），example-based（基于实例的），expectation-based（基于预期的），fact-based（基于事实的），FSM-based（基于有限状态机的），FSP- based（基于有限状态分词的），graph-based（基于图表的），host-based（基于宿主的），hidden Markov model based（基于隐马尔科夫模型的），ID-based（基于身份的），identity-based（基于身份的），individual based（基于个体的），itinerary-based（基于行程表的），keyword-based（基于关键词的），law-based（基于定律的），label-based（基于标签的），learning-based（基于学习的），length-based（基于长度的），

lexicon-based（基于词汇的），location-based（基于定位的），mass-media-based（基于大众传媒的），model-based（基于模型的），ontology based（基于本体的），password-based（基于密码的），pattern based（基于模式的），phrase-based（基于短语的），PCR-based（基于 PCR 聚合酶链反应检测的），PSO（Particle Swarm Optimization）-based（基于 PSO 粒子群优化算法的），quota-based（基于配额的），region-partition based（基于地域区分的），reference-based（基于指称的），relation-based（基于关系的），rule-based（基于规则的），sample-based（基于样例的），semantics-based（基于语义的），sector-based（基于扇区的），scenario-based（基于情境的），schema-based（基于模式的），sentence-based（基于语句的），signature-based（基于特征符号的），SSVM（scatter support vector machine）-based（基于 SSVM 分散支持向量机的），stability-based（基于稳定性的），statistics-based（基于统计的），syntax-based（基于句法的），task-based（基于任务的），technology-based（基于技术的），turn-taking based（基于话轮转换的），transformation-based（基于转型的），understanding-based（基于理解的），use-based（基于使用的），unification-based（基于一致性的），value based（基于数值的），verification based（基于认证的），Web-based（基于网络的），word-based（基于词语的），WSMO（Web Service Modeling Ontology）-based（基于 WSMO 网络服务建模本体的）。

这种“基于……”（based）代表着一种研究范式，以“温和的经验主义”为研究基础，与“……驱动”（driven）相对。不论是哪种研究学科，都不试图推翻已有的研究体系，而只是把基于的那一项目作为众多项目种类之一，不排斥必要时使用其他类型的数据或方法（参见 Gast，2006；Tognini-Bonelli，2001）。它沿用了普通实证研究的方法，即提出假设，并用数据验证假设。假设的验证常常需要对照组，而比较和统计检验是研究中不可缺少的环节。由于 based 在中外学术论文摘要语料库中都是高频词，可以看出目前国际学术研究中还是以“温和的经验主义”研究范式为主流，而中国学术界也是顺应了这种潮流，并且已成为一种趋于稳定的体制化的半固定套语。考伊（Cowie，1998）曾经证明，大多数固定表达都是由核心表达加上可以选择的延伸表达构成。在大多数固定词组的运用中，变异特征多于固定特征。这才是能真正引起语言研究者兴趣的研究对象。而如果固定词组的固定特征多于变异特征，例如 corpus-based 在 N+based 结构中出现频率显著，那么这种结构可能会失去其语用价值（李文中，2007：42）。

四、中国式“提议”propose

propose 这个动词在中国英语学术论文摘要语料库高频动词中名列第四（前三名为 be、base 和 have），而且其过去分词、过去时形式（proposed）和现在时第三人称单数形式（proposes）最为显著，见表 6-5。利用 AntConc 检索软件的索引词图（concordance plot）功能可以具体考察该词出现在论文摘要中的位置，总体上在论文摘要的前、中、后位置都可以找到它的身影，但 proposed 词形在中部和后部出现的频率稍高一些，而 proposes 词性在前部和中部出现频率要高一些。

表 6-5　动词 propose 的不同词形在两库中的使用频次表

propose 的词形	AACC 中的频次	AACE 中的频次	LL 值	显著性 p 值
proposed	206	65	113.87	0.000***+
proposes	75	14	61.44	0.000***+

动词 propose 是指提出一个计划或想法等供别人思考或作出决定，这个动词使用频率高，说明中国学术文摘作者倾向于主观地提出建议、方法或结论，如：

（1）In this paper，we ***proposed*** a DNA computing model to solve the maximum clique problem based on two parallel computing methods.（cc122 中后部）

文中提出了一种求解图的最大团问题的DNA计算模型，该模型采用了两种基本并行计算处理思想。

（2）An algorithm of similar pattern matching is ***proposed***.（c104 中部）

介绍了近似模式匹配算法。

（3）... and regarding legislation solutions to it are also proposed.（lc158 最后一句）

……并对此提出相应的立法和政策建议。

（4）A new concept is ***proposed*** in this paper—Discursive Event.（nc69 第一句）

本文试图提出一个新的概念：话语事件。

（5）This paper ***proposes*** a new computing method for extracting contiguous phraseological units from academic texts by measuring the internal associations of n-grams.（c6 第一句）

本文提出一种新的算法，通过测量N元序列的内在联系来从学术文本中提取临近的语法单位。

（6）On the basis of surveying the concept of social media and opinion leader, this article ***proposes*** the five dimensions of opinion leader in the information communication on the social media.（nc65 第一句）

在对社群媒体和意见领袖分别解释的基础上，本文提出并阐述了意见领袖作为二级传播的核心概念，在社群媒体使用中信息传播过程所表现的五个维度。

（7）The paper ***proposes*** an improved texture classification algorithm...（cc46 中前部）

文中提出了一种……纹理分析算法。

而相比较来看，英语国家作者的文摘中 propose 使用频率并不高，这些作者会更多地使用主观性较弱的 support 和 suggest。

除 propose 之外，improve 和 obtain 也是中国英文摘要语料库中特色的高频动词。我们知道，中国英语变体的特点其实也可以被看作是中华民族文化及思维方式在英语使用中的反映。一方面，语言习得的完成，如撰写英文摘要，是某种思维方式形成的体现。中国文化强调主观主义，强调通过自省其身、自修其行，以期自我改善、改进和提高（improve），来获得（obtain）成果并提出观点（propose）。

五、construct 是动词？还是名词？

高频动词表还显示出动词 construct 在 AACC 语料库中使用频率也很高，不论是其原形动词形式 construct，过去式或过去分词形式 constructed，还是现在分词形式 constructing 使用频率都较高，见表 6-6。

表 6-6　construct 的不同词形在两库中的使用频次表

construct 的词形	AACC 中的频次	AACE 中的频次	LL 值	显著性 p 值
construct	34	16	11.53	0.001***+
constructed	59	10	50.99	0.000***+
constructing	18	3	15.69	0.000***+
constructs	8	10	0.00	0.981+

注：LL ＞ 3.84，p ＜ 0.05 可视为显著；*** 表示非常显著；+ 代表正显著。

由于 construct 本身既有动词义（指构建），又有名词义（指构想），因而有必要进一步做具体考察。在 AACC 中，所有 34 次出现的 construct 均为动词“构建”义，8 次出现的 constructs 只有一次是名词“构想”之义，见下句。

A method to calculate the semantic similarity of the ontology concepts described by RDF Schema **constructs** was proposed on the basis of the semantic distance theory in the linguistic field.（c78）

借鉴语言学界中的语义距离思想，提出了 RDF Schema 构词所描述的本体概念语义相似度计算方法。

而在 AACE 中，16 次出现的 construct 有 6 词次是名词“构想”之义；10 次出现的 constructs 有 9 词次为名词义，仅有 1 词次表示动词“构建”义。这样就可以解释表 6-6 中 constructs 显著性不高的现象。如果仅仅针对动词义进行对比，可得出表 6-7。

表 6-7　动词 construct 的不同词形在两库中的使用频次表

词　形	AACC 中的频次	AACE 中的频次	LL 值	显著性 p 值
construct	34	10	20.06	0.000***+
constructs	7	1	6.58	0.010*+

同表 6-6 对比，会发现 construct 和 constructs 的显著性明显增强，说明中国学术论文作者更倾向于主观性地来构建（模型 model、方案 scheme、机制 mechanism、环境 environment、领域 field、平台 platform、知识本体 knowledge base、词典 dictionary、协议 protocol、体系 system、网站 website、自我人格 self-identity 等）。

（1）Secondly，we ***construct*** a lexical-syntactic knowledge base which describes the lexical，semantic，morphological and syntactic knowledge of the related lexicons with respect to the corresponding situations comprehensively.（c8）

接着，我们构建一种词汇—句法知识单元，用来刻画相关词汇的词法、语义、形态及句法知识，以全面审视相应情况。

（2）This paper ***constructs*** a new anonymous IBE scheme，and expands it to an anonymous HIBE scheme secure against full adaptive-ID attacks.（cc11）

本文构造了一个新的匿名基于身份加密（IBE）方案，并将其扩展为一个匿名分等级基于身份加密（HIBE）方案以对抗全面适应性的身份攻击。

（3）In our study，the Cys 869 of HcW was mutated to Ala and the conformation-stable fragment-C mutant of tetanus toxin（HcM）was ***constructed***.（bc43）

本研究通过将破伤风 HcW 蛋白的 869 位半胱氨酸突变为丙氨酸，构建构象稳定的破伤风亚单位疫苗突变体 HcM。

（4）By ***constructing*** media environment and personal cognitive frame，China would improve the national image.（nc58）

通过构建媒介环境和个体经验认知框架，中国可以提高其国家形象。

六、"重要""基础""传统"而又"现代"的"中国"形容词

在 AACC 语料库词表中按出现频率高低分别提取前 20 个形容词，在参照语料库 AACE 中同样提取前 20 个形容词，以观察中国学术文摘中常用的形容词：

表 6-8　中国学术文摘英语和英语国家学术文摘英语常用形容词表

中国学术文摘英语	1. Chinese	2. different	3. legal	4. important	5. social
	6. public	7. high	8. semantic	9. traditional	10. judicial
	11. large	12. computational	13. real	14. civil	15. basic
	16. specific	17. recombinant	18. modern	19. experimental	20. existing
英语国家学术文摘英语	1. different	2. social	3. high	4. large	5. sexual
	6. significant	7. specific	8. positive	9. potential	10. individual
	11. public	12. recent	13. general	14. legal	15. multiple
	16. negative	17. computational	18. relational	19. semantic	20. single

在前20个常用词中，有9个是两个语料库中共现的形容词，包括：different、legal、social、public、high、semantic、large、computational和specific。

由于形容词是用来修饰名词的词，表示事物的特征、性质、状态以及特征的程度等，而学术论文中的名词主要包括各学科的研究对象，因此从这些高频形容词可以看出学术论文研究对象的主要特征、性质或状态。

在以上9个高频共现形容词中，一些形容词有明显的学科特征痕迹，如legal表示“合法的”、“法定的”及“法律的”之意，是一个用来修饰描述与法律相关的形容词，在语料库中该词出现203次，有194次出现在法律学术文摘中，其法律文本的分布律达到95.6%。说明它是一个主要用来描述法律用语的形容词，在法学学术文摘中用来描述法律数据（data）、研究（research）、实践（practice）、体系（system）、目标（target/aim）、冲突（conflict）、挑战（challenge）、思想（thinking）、标准（norm）、方法（method）、规定（regulation）、效果（effect）、基础（basis）、要求（requirement）、实体（entity）、现状（situation）、决定（situation）、评价（assessment）、传统（tradition）、事实（fact）、本质（nature）、利益（interest）、技术（technology）、发展（development）、建设（construction）、权利（right）、义务（obligation）、责任（duty）、保护（protection）等。

形容词social（社会的）在AACC语料库中出现183次，有177次出现在法学和新闻传播学论文摘要文本中。另一个形容词public（公共的）在AACC中出现174次，有157次出现在法学和新闻传播学文摘文本中。这两个词在法学和两个子语料库中的分布率达到96.7和90.2%，可以看出是一个主要在社会科学文摘中用来描述社会对象的形容词。如社会损失（losses）、科学（science）、网络（network）、稳定（stability）、主体（body）、资本（capital）、变化（change）、交流（communication）、条件（condition）、共识（consensus）、建设（construction）、接触（contact）、背景（context）、偏见（bias）、民主（democracy）、发展（development）、话语（discourse）、活动（activity）、环境（environment）、伦理（ethics）、群体（groups）、身份（identity）、效果（effect）、问题（issue/problem）、影响（influence）、体制（institution）、整合（integration）、互动（interaction）、利益（interest）、公正（justice）、生活（life）、管理（management）、媒体（media）、运动（movement）、需要（needs）、互助（mutual aid）、标准（norm）、组织（organization）、阶段（phase）、现象（phenomenon）、财产（property）、现实（reality）、改革（reformation）、责任（duty/responsibly）、根基（roots）、意义（significance）、团结（solidarity）、稳定（stability）、地位（status）、结构（structure）、监督（supervision）、支持（support）、体系（system）、转型（transformation）、转变（transition）、思想（thoughts）、待遇（treatment）、价值（value）等。

又如公共资源（resources）、通知（announcement）、舆论（opinion）、体制（institution）、组织（organization）、权力（power）、目标（goal）、利益（benefit/interest）、空间（space）、服务（service）、议程设置（agenda-setting）、观点（views）、新闻（news）、事件（affairs）、设施（utility）、关系（relations）、外交（diplomacy）、管理（management/administration）、问题（issue）、参与（participation）等。

而computational和semantic二词主要分布在计算语言学专业论文摘要语料库中，用以描述计算和语义的研究对象实体，也会有一部分分布在计算机专业论文摘要语料库中。关于计算的、使用计算机的修饰对象包括方法（method）、技术（technology）、语言学（linguistics）、文体学（stylistics）、语用学（pragmatics）、分类（classification）、模型（model）、处理（processing）、模拟（simulation）、平台（platform）、标准（paradigm）、问题（issue）、力量（power）、复杂度（complexity）、效率（efficiency）等。关于语义学的研究对象包括真值、模型（model）、模块（module）、系统（system）、表达（expression）、网络（web，network）、信息（information）、代码（code）、形式

(formation)、标签(tag)、角色(role)、分析(analysis)、模板(template)、优选(preference)、特征(feature/ attribute/ characteristics)、组合(combination)、词典(dictionary)、匹配(matching)、定义(definition)、层级(hierarchy)、相似度(similarity)、描述(depiction/ description)、关系(relationship/ relations)、内容(content)、标注(annotation)、结构(structure)、建设(construction)、处理(processing)、公理(axiom)、距离(distance)、工程(engineer)、问题(items)、分类(categorization)、消歧(disambiguation)、差别(difference)、类型(types)、一致(correspondence)等。

除去以上5个有明显文本分布倾向的形容词外，还有4个高频共现形容词：different、large、high和specific，这些词属于描述研究对象或方法性质特征的普通形容词，在任何学科学术论文摘要中出现频率都很高，中国英语学术文摘也适用。different用来描述研究对象，包括功能(functions)、序列(sequence)、特征(feature，attribute)、结构(structure)，以及研究条件(condition)、温度(temperature)、时间(time)、因素(factor)、地域(region)、平台(platform)、要求(requirement)、资源(resource)、原则(principle)、需要(need)、状态(state)、观点(views)等的不一样。

large主要用来描述数量、规模、尺寸、程度、角度之大，其修饰的名词包括number、scale、size、quantities、extent、amounts、angle、model、corpus等。

high在学术论文摘要中表示高速度(rate)、效率(efficiency)、纯度(purity)、剂量(dose)、温度(temperature)、湿度(humidity)、浓度(concentration)、密度(density)、置信度(confidence)、产量(yield，production)、活性(activity)、聚集(accumulation)、水平(level)、性能(power，performance)、准确率(accuracy)、能量(power)、风险(risk)、评估(evaluation)、级别(class)、价值(value)等。

specific表示明确的、特殊的资源(resource)、形势(situation)、活动

（activity）、技术（technology）、任务（task）、程序（procedure）、长度（length）、变化（change）、关系（relation）、标准（standard）、研究（research）、特征（feature）、符号（symbol）、表达（expression）、目标（target）、催化剂（promoter）、蛋白（protein）、序列（sequence）等。

中国英语学术论文摘要语料库中特有的高频形容词包括Chinese、important、traditional、judicial、real、civil、basic、recombinant、modern、experimental和existing。其中Chinese、judicial、civil和recombinant也是中国英语学术论文摘要语料库关键词表中的高频关键词。Chinese一方面体现出中国学术本体研究的倾向；另一方面与人们日常生活中一直在受家国同构的中国社会母体结构的规范有直接关系。judicial全部分布在法学论文摘要语料库中，指司法的、法庭的，以及和法律体系或法庭判决相关的。我们知道司法是司法机关运用法律解决具体案件的动态实践活动，说明中国法学界的研究问题主要与司法体系、司法判决以及司法公正等动态时间体系相关。civil主要有两个义项，一个指民事的，如民法（civil law）、民事权利（civil right）、民事诉讼（civil litigation）等；另一个指文明的，如文明社会（civil society）、文明公民（civil citizen）等。这个形容词在中国英语学术论文摘要语料库中大多分布在法学文摘子库中（90.5%，76/84），取民事之意；少量分布在新闻传播学子库中（9.5%，18/84），多为文明之意。recombinant意义比较具体，指重组的，在AACC中，全部分布在生物学论文摘要语料库中，如重组蛋白（recombinant protein）、重组病毒（recombinant virus）、重组质体（recombinant plasmid）等。

除上述有明显文本分布倾向的形容词外，还有7个更具有“中国特色”的形容词，它们在AACC和AACE两库中的使用频次对比见表6-9。

表 6-9　AACC 高频形容词在两库中的使用频次对照表

形容词	AACC 中的频次	AACE 中的频次	LL 值	显著性 p 值
important	203	126	40.76	0.000***+
traditional	101	50	31.60	0.000***+
real	88	48	23.19	0.000***+
basic	79	22	48.89	0.000***+
modern	74	22	43.25	0.000***+
experimental	70	37	19.55	0.000***+
existing	67	49	8.62	0.003**+

从表中看出，important 一词在中国英语学术论文摘要中出现频率非常高，这是一个强调事物重要性的概括性形容词，中国作者倾向于使用概括性的形容词可以从两方面来解释：一方面，中国传统上向来倾向于思维的主观性，并且从主体出发“把内在的尺度运用到对象上去”（马克思、恩格斯，1979：97）来构建一个世界。因此在学术研究和评论中也更关注事物的功能、关系和整体性，而不是事物的内部结构，在认识和思维方法上重于综合而轻分析。所以我们在学术论文摘要中多出现主观概括性的评论，如：重要角色（important role）、重要研究（important research）、重要趋势（important tendency）、重要任务（important task）、重要原则（important principle）、重要部分（important part）、重要问题（important issue）、重要形式（important form）、重要标准（important criterion）、重要符号（important symbol）、重要武器（important weapon）、重要模型（important mode）等，而缺少说明如何重要的具体性的描述文字。另一方面，英语对于中国人来说毕竟还属于一种外语，中国人还属于英语学习者，其词汇量与英语本族语者相比毕竟还是有限的，语言使用缺乏灵活性也是在情理之中，对于同一个意思的描述，本族语者可能会使用 significant、fundamental、crucial、key 等多样词汇来表述“重要”之意，而中国作者的词汇模式图中只有

概括描述“重要性”的形容词 important 最显著。同样，“basic”一词出现频率高也是一样的道理，这个形容词整体上也属于主观评论性修饰成分，缺乏对内涵的深层描述，而又是中国英语学习者最易掌握的词汇，因此在中国英语学术论文摘要语料库中会较多地出现诸如基本原则（basic principle）、基本概念（basic concept）、基础研究（basic research）、基本特点（basic characteristics）、基本方法（basic method）、基本功能（basic function）、基本模式（basic pattern）、基本结构（basic structure）、基本理论（basic theory）、基本权利（basic right）等搭配，而英语国家的作者很少会使用总体概括评论性的文字，他们会更多地对研究进行具体描述，即使确实用到了评论，也会更灵活地使用多种修饰成分，如 integral、rudimental、fundamental 等。

traditional 和 modern 这两个形容词在 AACC 中使用频率都很高，一方面说明中国作者的传统思维呈现出更为稳定的态势，因此会有更多的“传统”的成分，如，传统网络（traditional network）、传统框架（traditional framework）、传统研究（traditional research）、传统方法（traditional method）、传统体系（traditional system）和传统文化（traditional culture）等；另一方面也有滥用之嫌，也许作者本身也不是非常清楚什么是传统的，什么是现代的，或者在不能区分现在和过去的界限或标志的情况下，套用“现代”、“当代”等词语，如传统立法（traditional legislation）、传统语法（traditional grammar）、现代程序（modern program）、现代概念（modern concept）、现代方法（modern method）、现代社会（modern society）、现代媒体（modern media）。相比较来说，英语国家学术论文摘要中模糊概括的修饰成分比较少，即使有，也有后置限制成分使之具体化，如：*modern American state from 1877 to 1932*（le17）。

此外，real 这一形容词稍为特殊，在 AACC 中出现 88 次，在 real-time（实时的）和 real-world（现实的、实际生活的）中出现就达 44 次；仅在法学文摘中就出现 real-estate7 次，其他搭配包括实名（real name）、真实数据（real data），真实环境（real environment）、真实网络条件（real network condition）、真实文本（real text）、真正原因（real reason）等。但还有一些和 real 的搭配就显出中国语句翻译的痕迹，如：真正的舞台（real stage）、真实状况（real condition）、现状（real status）、现实应用（real application）、真正保护（real protection）等，而英语本族语者更可能会使用 just the place、present situation、practical application、actual protection 等方式表达。

experimental 虽然在 AACC 中出现频率较高，但与其搭配的名词主要集中在 result 和 results 上，70 频次中仅 experimental result（s）就出现 47 次（占 67%），其他的搭配还包括实验分析（experimental analysis）、实验数据（experimental data）、实验环境（experimental environment）、实验设计（experimental design）、实验模型（experimental model）、实验系统（experimental system）和实验检测（experimental test）。同时，这一形容词的高频现象也能反映出中国传统思维模式重经验而非先验、重直觉而非思辨的特点。同样地，existing 一词出现频率高也能反映出中国文化母体中注重现存的人和事、不太关心来世和人事以外的自然的思想。因此常会出现如下搭配：现有的方法（existing method）、现存困难（existing difficulty）、现存问题（existing problem）、现有的算法（existing algorithm）、现有的研究（existing research）、现有的服务（existing service）、现有的技术（existing technique）、现有的规则（existing rule）、现有法律（existing law）和现存体系（existing system）等。

第二节
句法层面
——典型结构和搭配

下面我们从搭配的层次考察中国学术英语摘要的特征。卫乃兴曾把搭配分成一般性搭配、修辞性搭配、专业性搭配和惯例化搭配四类而逐一讨论（杨惠中，2004：199）。但笔者认为搭配在语篇中本质上都体现出一种惯例化的用法，同意波利（Pawley）和西德尔（Syder）对惯例化的界定（1983：211），即句子或句子的一部分符合以下3个条件就属于惯例化的搭配：它表达一个文化上授权的意义或标准的概念（意义的权威性和标准性）；它被认可为表达该意义的标准形式（形式的因循性）；在语言学上，选择它作为一个标准表达方式是一种任意性行为（结构的任意性）。卫乃兴认为惯例化搭配既可以表达概念意义，也可以表达语篇意义，他也同意普通英语中有大量的固定或半固定词组，实质上都属于惯例化搭配的范畴，“它们或长或短，可以是词组级的，分句级的或句子级的”（杨惠中，2004：223）。在中国学术论文摘要AACC中，我们也可以按照这种分级，找到相应的搭配实例：

（1）词组级的惯例化搭配：

differential fault analyses（差分错误分析）

Web information extraction（网络信息提取）

eukaryotic expression vector（真核表达载体）

criminal procedure law（行事诉讼法）

real estate register（房地产登记）

a harmonious society（和谐社会）

as well as（以及）

in order to（为了）

journalism in China（中国的新闻业）

Voice of America（美国之音）

state of the art（最新技术水平）

Chinese information processing（中文信息处理）

natural language understanding（自然语言理解）

part of speech tagging（词性标注）

one of the most（最……之一）

（2）分句级的惯例化搭配：

To solve the problem（为了解决问题）

The experimental results show ...（实验结果显示……）

To play an important role（起重要作用）

It is necessary to ...（有必要……）

In this paper we ...（在本文中我们……）

（3）句子级的惯例化搭配：

The implications of these findings are discussed.（对结果之意义予以讨论。）

Suggestions for future research are discussed.（对今后研究的建议予以讨论。）

There is no reason why we cannot.（我们没有理由不能做。）

Human spirit is based on morality.（人文精神是基于道德的。）

China's radio media has made a significant progress since this century.（本世纪以来中国的广播媒体取得了重大进步。）

由于学术论文摘要与其他语篇相比，篇幅短小，在有限的字数内，要让读者了解全文要旨、实验分析结果及结论等，平均每篇摘要句数也只有 5—6 句，因此不同的摘要不会有相同的句子级别的搭配，我们在这里讨论的结构和搭配主要集中在固定或半固定的词组级和分句级的搭配。

一、the+N+of（+N）结构

在第四章分析总体概貌时已经提到定冠词 the 和介词 of 连用的结构在摘要中运用显著，AACC 中更加普遍，使用次数达 3264 次，显著性 LL 值高达 237.92。卫乃兴用 JDEST 交大科技英语语料库在研究专业性搭配的结构时曾经发现 N+V 搭配、N+N 搭配和 V+N 搭配均可以转换成 N+ of+N 搭配（杨惠中，2004：216-219），如：tool ... performed、machine performance 以及 performed the experiment 等，均可以转换为 the performance of the（tool，machine，experiment）。但他当时只是发现以上 3 种搭配的转换关系，并仅仅举出“the performance+of+N”这一出现“极多”的具体实例来说明，而没有推而广之。事实上，这样的结构在中国英语学术论文摘要中出现频率非常高，其显著性完全可以作为中国英语的一个特色标志，参见以下索引：

the accomplishment of this crime

the accomplishment of fundamental offense

the application of

the aspect of

the analysis of

the basis of human rights

the basis of researchers

the burden of

the characteristics of

the complexity of communication

the complexity of judicial activity

the concept of

the conflict of

the construction of

the context of

the definition of trust

the definition of malicious software

the development of

the effect of privacy policy enforcement

the effect of commercialization

the efficiency of its analysis

the efficiency of the algorithm

the expression of active small peptides

the expression of human resistin

the field of

the function of protein

the function of national audit system

the history of

the idea of

the influence of

the meaning of

the mechanism of software failure

the mechanism of panic behavior

the nature of

the normativity of

the number of crimes

the number of large molecules

the period of

the perspective of

the performance of these modified algorithms

the performance of the system

the principle of

the process of

the production of influenza vaccin

the production of antifungal substances

the regulation of unfair competence

the regulation of legal interpretation

the remediation of rehabilitation from the developer

the remediation of function from the user

the research of gene expression regulation

the research of NLP

the result of experiments

the result of the verification

the right of

the role of judicial review

the role of exchanging resources

the rule of

the size of

the study of information

the study of machemism

the system of

the theory of

the trend of

the way of

the yield of 1403C

the yield of enzyme

很多情况下 the+N+of（+N）结构还会出现叠套使用的情况，如：

（1）The supreme courts' uniform interpretation is the requirement to protect the uniform of law，aiming to provide authoritative interpretation for individual judge，and ***the expression of the authority of the supreme court.***（lc157）

最高人民法院作出统一解释，是维护我国法制统一的需要，是法官在个案中寻求权威性解释的需要，是最高人民法院司法权威的体现。

（2）*The* legislation purpose *of the* statutes as well as *the* provisions *of* court functions can not only effectively restrict *the* application *of* legal methods，but may affect *the* direction *of the* choice *of* legal methods to a certain degree.（lc128）

国家法规关于立法目的表达和法院职能的规定，不仅会形成对适用法律方法的有效约束，而且一定情形下还会影响法律方法选择的方向。

虽然这种结构会使陈述更加客观，但频繁使用会显得模式呆板、整齐划一，显示出思维认知的局限。有些情况下完全可以用“N+V”“N+N”或者“V+N”等结构加以替换而使其更加简洁，避免冗余且灵活多样。如（1）可以改写为 ... *and also embody the supreme court authority*。

这种结构加以扩展，还会衍生出很多高频词组级的搭配，包括介词词组和名词词组，如（括号中为出现次数）：

in the process of（16）

in the field of（14）

on the basis of（28）

with the development of（14）

with the help of（7）

The purpose of this paper（3）

这些搭配在本来篇幅短小的论文摘要中出现频率很高，这些惯例化的搭配在概念上表示时间或空间范畴或方式、基础、目的等，在语篇中多起承上启下的作用，按照惯例化搭配的标准来看，它们是学术文摘中高度因循性的词语组合序列，用来表达特定的概念，实现一定的意义；它们被话语社团成员，即专业学术领域的同行认可为表达某种概念或实现某种意义的固定或半固定词语组合形式；从语言学理论上来讲，选择这些词语组合来表达某种意义，或多或少都带有任意性，即这些组合形式被选为大体上固定的表达方式，本身没有什么特别之处，但却因成为惯例化搭配而被中国学术研究者沿用已久。这里对其进行研究是因为语言学研究者的重要任务之一就是要重视、发现和研究这些特定群体、特定领域使用的惯例化搭配序列。

前面提到本研究要描述的中国英语变体语言特征有两层含义，而这里讨论的典型结构搭配同样也包含两层意思：第一层意思指属于中国英语变体中特有搭配，如 harmonious society，在 AACE 中出现频次为 0；另一层意思就是在中国英语变体中使用显著，而英语本族语者相对偏少使用的，如上面讨论的 the+N+of（+N）及其扩展的一些结构，又如 in recent years（AACC 频次：21；AACE 频次：6；LL 值：12.71），in order to（在 AACC 中 频 次：99； 在 AACE 中 频 次：45；LL 值：35.39）都属于在中国英语变体中使用比较普遍的固定化程式化的搭配。

二、since+ 一段时间

since 作为介词，与现在完成时或过去完成时连用，指“自……以后；从……以来”，根据牛津高阶词典，其后面主要可以连接以下 3 种表时间的成分：

（1）接一个时间点，如：

Federal age discrimination law has been in place ***since 1967***.（le66）

联邦年龄歧视法自 1967 年生效。

（2）接一段时间 +ago，如：

Since their discovery as cellular counterparts of viral oncogenes more than 25 years ago，much progress has been made in understanding the complex networks of signal transduction pathways activated by oncogenic Ras mutations in human cancers.（be168）

自从 25 年前他们发现了基因病毒的细胞对应物，对信号传导通路的复杂网络理解方面已经取得了很大的成绩，这些理解都来源于人类癌症中的 Ras 癌基因突变。

（3）接时间状语从句（或作状语的分词，但在学术英语论文摘要语料库中没有后面接分词的实例），要求主句的谓语动词用现在完成时，而且必须是延续性动词；从句的谓语动词用一般过去时，而且须是终止性动词。如：

The transition from prokaryotes to eukaryotes has been the most radical change in cell organization since ***life began***.（bc06）

从原核生物到真核生物的转变是自生命开始以来细胞组织中最激进的变化。

在中国英语学术论文摘要语料库中，since 一个显著用法是，它作表示“自从”意义的介词时，后面连接了表示较长一段时间的词，却没有 ago，如：

（1）One of the most prominent achievements in China's legal system is that civil law has been established and developed in China ***since its reform and opening-up***.（lc58）

中国改革开放以来最显赫的法制成就之一就是民法在中国的确立并走向发达。

（2）***Since 1990s***，automatic parsing of natural languages has again become the focus of the international community of computational linguistics.（c14）

上世纪 90 年代，自然语言的自动句法分析再次成为国际计算语言学界关注的焦点。

（3）China's radio media has made a significant progress ***since this century***.（nc86）

进入本世纪以来，中国的广播媒体取得了可喜的进步。

此外，在 AACC 中还出现 since 后面接时间从句，但从句的谓语动词没有使用一般过去时的情况，如：

（4）Increasing concerns have been paid to the media's influences on this group，***since*** the media ***replace*** the parents to be the life partner of this children group.（nc70）

自从媒体取代父母成为这群孩子生活中的伙伴，媒体对其群体的影响越来越受到关注。

三、there+have 结构

副词there表示存在或发生时后面要接be动词形式，如：there is、are、were、has been、have been等，如下所示：

（1）With the development of the information society，***there is*** an increasing need for the research on CIP.（c101）

随着信息社会的发展，面对日益强烈的社会需求，汉语信息处理的研究方兴未艾。

（2）In recent years，***there are*** tremendous economic and social losses across the world because of virus-related diseases.（bc62）

近年来，因病毒侵害全世界人类每年都要蒙受巨大的经济损失和社会损失。

（3）***There was*** no distinct homology with human genomic and mouse genomic.（bc109）

与人种基因和鼠种基因没有明显的同源性。

（4）***There were*** diversities among provinces.（bc73）

不同省份的阳性率存在差异。

（5）***There will be*** a lot of backtrackings in the parsing of garden path sentences.（c12）

花园幽径句的自动句法分析中，往往会出现大量的回溯。

（6）***There has been*** scant research about journalistic professionalism in China.（nc197）

作为一种新闻专业主义在我国还少有研究。

（7）In recent years, ***there have been*** some complaints about its quality and the effects.（nc186）

近年来不乏人们对（政府网站建设）质量和效果的担忧。

（8）If X is a solution of a categorial equation, then ***there exists*** a unique essential solution Y such that YX makes it possible that the essential catgories of a word could generate all possible syntactic categories by some deductive rules.（c108）

对于范畴方程的任意一个解X，都存在唯一的本质解Y，使得Y X可以通过一定的演绎规则对某个词的本质范畴作扩张以得到该词的所有句法范畴。

（9）However, ***there exist*** inevitably tense relations between freedom of the press, other freedoms and the national security.（nc06）

然而，新闻出版自由、其他自由和国家安全之间不可避免地存在着紧张关系。

（10）The paper compares this Scottish legal material to two Old English codes to show that ***there existed*** in Scotland structures of social organization...（le19）

本文把苏格兰法律资料比作古英语的两步法典，以显示在苏格兰的社会结构体系中存在着……

（11）***There remains*** a lack of patient-safety-focused behavioral interventions among healthcare workers.（ec19）

医院护工身上缺少一种病人安全关注的行为干预。

（12）... ***there seem to be*** some cognitive and psychological constraints that go beyond the understanding of traditional Chinese grammar.（c81）

可能有一种超越已知中国句法语义关系的认知心理语法。

（13）However，***there appear to be*** particular advantages in combining simulated，training phase evolution（TPE）with lifelong adaptation by evolution（LAE）on a physical robot.（ce168）

然而，在物理机器人身上显示出仿造的训练阶段进化和终生进化适应相结合的特殊优势。

（14）When the agent acts in his own name，***there can be*** an agency only when the third party has noticed the agency relationship between the principal and the agent and merely in some special circumstances.（lc59）

如果代理人以自己名义代理，相对人知道代理关系方可成立代理。

（15）***There should be*** two types of Unidentified Principal in Chinese Legal system.（lc59）

我国隐名代理应当包括两种情形。

（16）It is speculated that ***there might be*** negative ramifications of such communication patterns for partners' informed decisions on relational investment.（ec87）

据推测，这种交流模式对于伙伴对相关投资作出决定可能会产生负影响。

（17）Descriptive analyses of a representative sample of 1578 British Internet users confirm that ***there continue to be*** small but significant gender differences for most uses of the Internet.（ec89）

一份有关 1578 名英国网络使用者的有代表性的调查样本的描述分析证实了大多数网络使用者继续存在一种较小但却显著的性别差异。

There be 表示存现的结构在中国英语学术摘要语料库中出现 118 次，与

AACE 出现 150 次相比并不显著，但除以上这些结构之外，还出现以下的 there+have 的结构，而 AACE 此种结构出现频次为零，如下：

（1）So far，***there have*** no systematic studies of mobile phones' unique social significance towards Chinese Mid-and Low-Income Classes.（nc133）

手机对于中低收入群体的生活方式和生活形态有何独特的社会意义，国内尚无系统研究。

（2）So far，***there have*** no systematic studies of new media's social significance towards educated youth.（nc74）

目前为止，对于新媒体对受教育年轻人的社会影响还没有系统的研究。

there be 结构表示客观的存在，have 表示有，中国英语变体中把 there 和 have 混搭在一起使用的情况较为显著，但目前为止没有文献对此类结构进行过报告分析。我们知道，任何民族都有其特定的思维方式，这种特定的思维方式也会凸显该民族的文化主题。楚渔（2011：112）曾把中国传统的思维总结为一种感性的思维，注重知觉、顿悟，而缺乏分析、综合、抽象等逻辑过程。这就直接导致了我们思维的模糊状态，这种思维，混杂着诸多各种各样模糊的概念、观点，成了一种潜意识的本能反映。比如“there be”结构，本来是一种表意清晰的客观存现句结构，而“have”表示主观上的“拥有、持有、占有”，但迁移到中国，中国式的思维就会在缺乏对这两种表达方式精确区分、深刻思考的情况下把表示“有”的二者混杂在一起，形成“there have”结构。出现这种情况体现出中国式思维对汉英转换产生的影响。

第三节
个案面面观

一、“应该要”（should）与“可能会”（may，might）——情态系统中的“身份”名片

在第四章中讨论了学术文摘中情态动词的用法，也对比了中外学术英文摘要语料库中的情态序列的用法。由于英语情态动词具有语法和语义上的特殊性，在学术论文摘要中，情态动词的选用与表意也同样显示出重要的作用，其光彩虽不及动词，但仍不容忽视。

情态动词主要表达两种类型的表意情态：义务情态和认知情态。（Biber 等，1999；Palmer，2001；Quirk 等，1985；Sweetser，1990）。义务情态动词表达其主语的义务、需要或允许履行的行为，而认知情态动词表达的是说话人对命题真值的判断。也有学者把情态动词分为根情态和认识情态（Papagragou，1998），其中，根情态表达主体控制事件的程度，如将要、需要、义务、责任等，与前面说的义务情态相仿；而认识情态指说话人对命题真实性的态度，相当于前面说的认知情态。

布朗·胡（Hu，Brown）和布朗（Brown，1982）曾对比分析了中国英语专业学生与澳大利亚学生的书面语，发现前者在对他人提出要求或建议时，过多使用 should、must 等词。欣克尔（Hinkel，1995：333—335）发现，东南亚国家移民英语学习者在英语写作中过多使用表示义务、责任等意义的情态动词，如

must、should、have（got）to、ought to 等。刘华（2006）分析了中国英语专业高年级学生使用 should 和 must 的情况，从结果看出，中国已经通过大学英语六级的高年级学生使用的 should 和 must 都多于英语本族语者，尤其是 should，其标准化频数是 FLOB（英语半族语料库）的 5 倍多。程晓棠、裘晶（2007）对比分析了中国非英语专业学习者与英语本族语学生在情态动词使用情况上的差异，同样发现中国英语学习者总体上过多使用情态动词 can、should、must 的情况。梁茂成（2008）在研究中国大学生英语笔语情态序列时通过数据对比也发现中国英语学习者过多地使用表示义务的情态动词 can、will、must、should 的情况严重。

韩礼德（1985）曾经从系统功能的角度将情态词按其情态值分为三类：

高度情态词：must、ought to、need、have to、（dare）

中度情态词：will、would、shall should、be to

低度情态词：may、might、can、could

英语中表示“义务 / 必然性”意义的情态动词包括：must、have（got）to、need、should、ought to（Quirk 等，1985）。这些词在英语学术论文摘要语料库的出现情况如表 6-10 所示。

表 6-10　学术论文摘要语料库表“义务 / 必然性”情态动词使用情况对照表

情态动词	AACC 中的频次	AACE 中的频次	LL 值	显著性 p 值		
must	30	54	7.26	0.007	**	–
have to	10	5	1.64	0.201		+
need	3	0	#NUM!	#NUM!	###	+
ought to	3	1	1.02	0.312		+
should	167	72	37.62	0.000	***	+

注：LL ＞ 3.84，p ＜ 0.05 可视为显著；* 代表显著程度，*** 表示非常显著，** 表示比较显著；+ 代表正显著，即相比较的两项前一项多于后一项，– 代表负显著，即相比较的两项前一项少于后一项；#NUM! 表示两项中数值不可比较，如其中一项为零。

表 6-10 显示出 have to、need 和 ought to 3 种情态动词在语料库中出现频率很少，不具有显著性，即在学术论文摘要语料库 AAC 中主要通过 must 和 should 来表达义务 / 必然性的意义。而根据韩礼德的情态值分类，must 表示强烈的个人义务感或逻辑上的必然性，属高度情态词，should 语义强度比 must 稍弱，属中度情态词。又根据表 4-5 得出，中度情态动词中 should 在 AACC 中使用显著。这说明 should 是中国作者英文学论术文摘要语料库中使用最显著的情态动词。

此结果部分印证了先前的研究结果（如 Hu，Brown & Brown，1982；Hinkel 1995；刘华，2006；程晓棠等，2007）。欣克尔（1995：327）认为，表示义务的情态动词的使用情况与说话人（或作者）所特有的社会文化价值观紧密相关。就中国英语使用者而言，由于本国人从小就深受个人对家庭、集体、国家要负有义务和责任感的社会影响，这一文化价值取向会影响着人们对这些义务类情态动词的运用。

由于 should 既可以表示“责任义务”，也可以表示“逻辑上的必然性”，分别考察其在 AACC 和 AACE 两库中具体出现的情态意义，在英语国家作者撰写的文摘中，should 出现 72 例，其中表义务的有 40 例，占总数的 55.6%，表示逻辑必然性的有 32 例，占总数的 44.4%。这表明在英语本族语者撰写的文摘中，should 虽多数情况下表义务，但也有相当一部分（接近二分之一）表示逻辑的必然性。相比之下，AACC 中 should 共出现 167 例，其中仅有 12 例表逻辑必然性，其余 155 例都表义务，即仅有 7% 左右的 should 用于表示必然性，93% 左右的用于表义务。例如：

AACE：

（1）The approach ***should*** be applicable to many other NLP problems.（e98）（必然性）

这种方法会被应用于许多其他的自然语言处理问题中去。

（2）We argue that the design process ***should*** easily be able to adapt those time courses to the natural time scales in the environment.（ce175）（必然性）

我们认为设计过程会使这些时间程序适用于环境中的自然时间段。

（3）El services ***should*** be tailored to the individual and the changing needs, preferences, and priorities of each family.（ec29）（义务）

早期干预（EL）服务应该根据不同个人和每个家庭不断变化的需要和偏爱进行调整。

（4）The Mental Capacity Act 2005 altered the way that everyone ***should*** practise when working with people who may lack the capacity to give consent.（le06）（义务）

2005年颁布的《心智能力》法案改变了每个人在与缺乏应允能力的人共事时必须实践的行为方式。

AACC：

（5）The study of case relations in compound words ***should*** be of significance to the study of word-formation models.（c187）（必然性）

复合词格关系研究对计算语言学中“造词模式”的研究必然具有重要的意义。

（6）In order to ensure the individual interpretation, a class of high-calibre judges ***should*** be established and a fine environment for independent adjudication ***should*** be supplied.（lc157）（义务）

要保障（法官）在个案中作出法律解释，就必须建立一支高素质的法官队伍，并为法官独立审判提供良好的环境。

（7）In the process of reforming Chinese journalism system, we ***should*** strengthen, rather than weaken, the coverage of public affairs and local news.（nc142）（义务）

在我国新闻出版体制改革的过程中，对公共事务和地方新闻的报道不能（因这场变革而）削弱，而是应当加强。

（8）Newspapers ***should*** be geared to the needs of the masses，immerse themselves among the masses and rely on them.（nc40）(义务）

办报要面向群众、走进群众并依靠群众。

由于情态序列与情态动词所表达的意义有密切联系，因此在通过研究情态序列的具体形式来判断所用情态动词的意义属性时也发现了 AACC 中情态序列：should XX VBI（如 should not be），should VVI（如 should give）和 PPH1 should（it should）尤为显著，这些均为表义务责任情态的序列。

关于 must 在 AACC 中使用不显著的原因，在第四章中已经进行了分析，主要还是由于语体和语料规模的不同，事实上，AACC 和 AACE 总体来说使用 must 的频率都不高，因此两者的差别并不十分显著。虽然 should 和 must 都可用来表达义务和责任，但由于 must 表达的语气过于强烈，这类高度情态动词在学术论文语体中出现频率较低，因此不论是本族语者还是中国论文作者都更多地选择 should 而不是 must 来表示“义务”这一语义，而不像是学生作文语体常见的那样，由于需要表现出强烈的义务倾向，使用 must 的频率会更高一些。但 should 不同，从表中的数据看出，同样是表达义务，中国学术论文作者比本族语者更倾向于使用中度情态词 should，而不太使用高度情态词 must。但对于中国学生来说，用 must 这样的词更可以表达自己的坚定决心。另一方面，must+be 和 must+have+pp 两种结构还可以表示对真值的判断，而且 AACE 语料库中 54 例 must 中有 28 例采用了以上两个结构，倾向于表示认知情态；而在 AACC 中的 30 例 must 中只有 15 例采用了上述两种结构，并且所有的例句仍然表示责任和义务情态，如以下例句：

（1）... and the balance of them ***must be*** fulfilled in individual cases.（lc151）

……二者的平衡应在个案中实现。

（2）Second，the content of the tort news ***must have*** the special meaning.（nc33）

二是侵权性新闻作品的内容必须具有特定的指向性。

情态动词 should 在两个语料库中的运用差异可归纳为：（1）中国学术论文作者使用表义务和必然性的情态动词总体上频率要高于本族语者，尤以中度情态动词 should 最为明显，结果往往造成这样的话语使学术文本显得比较严肃、僵硬和直率。（2）学术论文摘要在表示义务和必然性的 5 个情态动词中，以 should 和 must 使用最为显著，用这两个情态词表示义务和责任时，本族语者稍侧重于 must，但二者的差异不明显；而在表义务和责任情态这方面中国作者却显著倾向于使用中度情态词 should。（3）虽然中国作者比本族语者使用了更多的 should，但在实际运用中他们大多时候是将此情态词用于表示义务和责任，很少用 should 来表示逻辑上的必然性，也就是说，虽然 should 可同时作根情态词和认识情态词，但在 AACC 语料中它是占绝对优势的根情态词，而且表此义务责任情态的序列也同样显著。

造成这种情况的原因包括以下 3 点：

第一，语言资源的局限。中国学术论文摘要作者主要用 should 来表达“义务 / 必然性”，而本族语者在表达该情态意义上有更大的自由度，他们拥有更为丰富的语言资源来表达同一信息，如各种情态附加语（如 required、allowed、suppose 等），扩展谓词（is、are、was、were、has been、have been+to）等。中国作者的词汇量相对较小，因而只能用他们较为熟悉的情态动词表达情态，这便自然造成了 should 的过多使用。

第二，文化和母语负迁移。由于中国作者大量使用 should 传达义务情态意义，其文章给人的感觉似乎总是在谈论或强调义务和责任。造成这一结果的原因之一可能是与所收录文章的劝说性特点有关，如在法学和新闻传播学论文摘要中表义务的 should 分布更广。但更重要的原因是中国的文化在提供帮助或建议时允许甚至鼓励使用这种情态词，提供者一般习惯主观上提出建议或要求而不觉得有必要说话委婉。由于汉语经常使用“应该”或“要”来提出建议或给予帮助，因此与之相应的 should 便在这些语料中大量出现，这个情态词的过多使用以及多用于表示义务是文化差异及母语负迁移造成的。这种迁移体现在写作模式中，即在写汉语文章时，中国作者早已习惯在文章结尾部分写上类似“我们应该（要）……”之类的话语。比如，学生在作文中，当论述“网络课堂的利与弊”（*The Advantage and Disadvantage of Online Class*）这个话题时，中国学生多在作文前半部分指出网络学习的必然性和优势，随后在文章的结尾提出“相关部门应该制定规范控制上网时间和效果；学生要合理安排网络学习实践”（可译为：The relevant sector ***should*** develop a standard to control the time and effectiveness of the internet learning；students ***must*** reasonably arrange their network learning practice）之类的建议，以自勉或建议读者，因而会较高频率地使用表示义务的情态动词。事实上，在中国主流媒体的宣传话语和报告中，也会大量使用表示义务和责任之意的情态动词“应该”、“要”，“必须”等，如在中共十八大报告中：

（1）“全党一定要牢记人民信任和重托，更加奋发有为、兢兢业业地工作……完成时代赋予的光荣而艰巨的任务。”（胡锦涛，2012 年 11 月 8 日：1—2）

（The whole Party ***must*** keep in mind the people’s confidence and trust，more work conscientiously，be enthusiastic and press on... The glorious and arduous task of the times.）

又如在中国的广播媒体、平面网络媒体中：

（2）中国应该如何捍卫主权？我们今天请两位嘉宾就此分析评论。

（How ***should*** China defend her own sovereign? Today we invite two guests to make comment on it.）

（3）对法律的尊重，应该成为我们讨论一切问题的前提条件。

（The respect for the law ***should*** be the premise for everything in question.）

（4）中国应该通过降低税收或者增加工资收入等方式刺激消费，提高消费占 GDP 的比例。

（China ***should*** stimulate consumption and increase its share percentage in GDP by some means such as lowering taxes or increasing the wage income.）

（5）投行对每一个客户都应该心存感恩。反过来，企业对于每一个帮助过自己的机构和团队也应该心存感恩。

（The investment banks ***should*** be grateful for every customer. On the other hand，enterprises ***should*** also be thankful for every organization or team that has helped them.）

需要指出的是，艾默（Aijmer）通过研究发现，瑞典英语学习者也表现出对包括 should 等词的偏好（Aijmer，2002：64–45）。因此，过多使用义务类情态动词是以英语为外语的学习者所共有的特点，也是某一特定文化价值观的反映，我们还需要调查更多来自不同母语和文化背景的学习者才能作出更加清晰的判断。

另外，中国作者表达义务时更多地选用中度情态词 should 而非高度情态词 must，也是我们的文化趋中庸而避两极的一种体现。

第三，情态习得的先后。

斯威策（Sweetser，1990）曾发现在以英语为母语的儿童中，根情态意义的习得早于认识情态意义。帕帕弗拉格（Papafragou，1998）也发现英语中用于表达能力和许可的 can、表达意图的 will 以及表达义务和必然性的 should、have to 和 must 在实际运用和掌握中都早于表达可能的 may 和 might。她还指出，儿童对同一情态词的掌握通常是开始于其根意义，再延伸到其认识意义的，例如 should 的“责任义务”意义先于其“必然性”意义而被儿童习得。其他语言的研究显示了相似结果，如马翠玲等（2002）在新疆少数民族学生中作过调查，发现他们学习汉语时在表达试探性的礼貌语气上有着较大困难，其礼貌情态的习得明显晚于其他情态意义，而汉语中的礼貌情态也常用认识情态词表达。对于中国的英语学习者来说，表达义务和必然性也应先于表达不确定性和可能性。由此可以推断，既然本族语者的情态习得中根情态先于认识情态，那么同样作为语言习得者的中国作者也应该经历这种次序，其中介语中自然会有较多的根情态词，如表义务和责任的 should，而且在 should 的“义务”和“必然性”两个情态意义之间，中国英语学习者应该更早、更熟练、更多地使用“义务”语义。上文中的语料库数据证实了这一点，中国学术论文作者不仅超用 should，还超用其“义务”意义；相比之下，表达可能性的认识、认知的低度情态动词 may 和 might 等及相对应的情态序列都不多，即在话语表达中，他们“应该要”中国化，也“一定会”中国化。

二、“paper”的故事和“we”的故事——学术论文指称语选择偏向性

由于指称语对于命题的传递具有十分重要的意义，自从 20 世纪，随着社会科学各个方面取得了长足的进步，关于指称语的研究获得了新的研究思路和方法。人类学的相关研究为语言学的研究提供了很多思路和方法，如马林诺夫斯基（Malinowski，1923）在对人类学的研究中，发现词语的意义对于使用环境的重要性。因而，在这一时期出现了以语言为中心的新兴学科。布朗（Brown，1958）在《如何给一件东西命名》（*How shall a thing be called*）一文中，指出指称词语的选择是特定语境制约下的多种认知因素共同作用的结果。此后，关于指称词语的

认知研究越来越受到语言学的关注。

语言学家从不同的角度，运用不同的标准对指称语进行研究，如从功能语言学的角度进行的研究，用功能语法的相关理论研究语篇中的指称现象（Brown & Yule，1983；Halliday & Hasan，1976；Hoey，2001 等）；从语用学角度进行的研究，主要是借用语用学的思路和方法，解释指称语的分布，如莱文森（Levinson，1987）的 Q 原则、I 原则和 M 原则，黄衍建立的分析指称语的框架（Huang，2000），以及许余龙（2004：248）抽象出的指称语认同原则；从心理语言学的角度对指称语的研究，考察了指称语在自然语篇中的分布，为指称语的分布动因提供了解释。吉冯（Givón，1983：18）认为指称语是语篇话题的承载体，它们分别承载不同程度的话题性，是话题性决定指称语的分布。蔡菲（Chafe，1987）则认为指称语是激活性的载体，指称语的选择取决于激活性的程度。阿里尔（Ariel，1988，1990）则认为指称语是可及性的载体，其分布受可及性程度的影响。

还有一些语言学家从其他角度对指称语进行了研究，如比弗（Beaver，2004）建立中心优选论，解释指称语的分布。还有些学者发现有时候两个没有直接关联的名词之间也存在关系。他们把这种指称语命名为联想指称，并通过制定一些规则来解释指称语的分别规律，例如沙罗勒（Charolles，1999）认为有固定的典型性和非及物性这两种制约；克莱伯（Kleiber，1999）则认为异化条件和本体一致原则决定着指称语在语篇中的分布；沙罗勒和克莱伯（1999）认为指称语可以激活典型环境，进而激活记忆中的相关概念。马博森（2008）建立了非现场人物指称语框架，分析了非现场人物的语言策略问题，描述说话人引入和继续谈论非现场人物时可能使用的种种语言形式。

这些研究从篇章制约、语用制约、功能认知、心理概念参照等不同的视角和观点注意到语言中的指称语规律，但同样也存在一些问题：一是到目前为止还没有关于“指称语”明确而清晰的定义。二是这些理论都还只能解决一部分问题，都只是阐述了各自理论适合解释的部分指称语现象，对于其他现象则没有提及，如大部分理论都用于小说、散文等篇章的研究和对话语体的研究，没有对学术论文语体指称语的研究。三是都还没有找到解释指称语分布背后的普遍动因。本节将从心理语言学角度的可及性到主观性发展的层面对学术论文摘要中出现的高频指称语进行梳理和归纳，并进而试图找出学术论文摘要中的中国英语变体的指称特征。

（一）方法

利用检索软件AntConc3.3.5分别提取AACC、AACC-Bio、AACC-CS、AACC-Law、AACC-Com和AACC-CL的关键词和关键词丛，并用AACE、AACE-Bio、AACE-CS、AACE-Law、AACE-Com和AACE-CL的关键词表和关键词丛作参照，找出中国学术论文摘要语料库中高频名词、专有名词、指称代词以及指称描述词丛。

（二）主要发现

指称具有丰富的语篇表现形式，如各种无定描述语（a case，a challenge，a conclusion，a role，a model，a program，a tool，an algorithm，an approach，an attribute，an element，an effort，an introduction，an opinion）、有定描述语（the present paper，the article，the results，the basis，the development，the public，the study，the author，the writer）、专业术语（eukaryotic expression vector，enzyme linked immunosorbent assay，criminal procedure law，Voice of America，natural language processing，Part of Speech Tagging）、普通代词（we，our，it，its，they，their，this，that，these，those）、反身代词（itself，themselves），通过检索发现，这些指称语所指的对象包括：研究背景（the development，a challenge，the basis）、研究对象（a program，a model，an attribute，Part of Speech Tagging，it，its，they，their，this，that，these，those，itself，themselves）、研究方法（eukaryotic expression vector，enzyme linked immunosorbent assay）、研究工具（a tool，an algorithm，an approach，a method）、研究领域（Natural，Language

Processing，Chinese legal system，market economy system）、研究主体（we，the author，the writer）、研究结果（the results，a conclusion，a role，an effort）、研究评论（our opinion，a view）和研究载体（this paper，the paper，the present paper，this article，the article，the present article）。

由于学术论文摘要的功能决定其内容是概括研究要旨、论点、分析结果以及结论等的一段文字，因研究领域和专业的不同，研究对象、研究方法也各异，因此从检索结果可以看出 AAC 语料库的高频指示语关键词及词组主要集中在指称研究主体（研究者）和研究载体（学术论文）的指示语上。表 6-11 为学术论文摘要中指称研究载体和研究主体出现的频数对照表，从中可以看出，中国学术论文摘要中多用表示研究载体的指称语 paper，其中尤以 this paper 最为显著；相比较来说，英语本族语者倾向于使用 article 一词，但却更多地使用研究主体的指称语 we（我们），而且呈现出高显著性。另一方面，不论是中国作者还是本族语者都不倾向于使用“本作者”（the author，the writer）这类指示语。

表 6-11　学术论文摘要中指称研究载体和研究主体出现频次对照表

指示语	AACC 中的频次	AACE 中的频次	LL 值	显著性 p 值		
this paper	276	108	120.71	0.000	***	+
the paper	82	36	30.82	0.000	***	+
this article	34	144	49.79	0.000	***	–
the article	15	76	31.63	0.000	***	–
we	336	816	109.47	0.000	***	–
the present paper	4	1	2.70	0.100		+
the present article	0	2	#NUM!	#NUM!	###	–
the author	25	21	1.92	0.166		+
the writer	3	0	#NUM!	#NUM!	###	+

注：$LL > 3.84$，$p < 0.05$ 可视为显著；* 代表显著程度，*** 表示非常显著；+ 代表正显著，– 表示负显著；#NUM! 表示两项中数值不可比较，如其中一项为零。

（三）研究与讨论

认知语言学以人类自身的经验为基础来理解语言的形成过程，以概念结构的形成过程解释语义。认知语法的创立者兰盖克（Langacker，1990）曾经指出，人类拥有一个基本的概念参照能力，一种与目标概念建立心理联系的概念化方式，一个语言表达式的意义就是它在大脑中所激活的概念。阿里尔（Ariel）提出的"可及性"概念作为心理学层级的概念在语篇结构和词语指称行为的讨论中起到了重要作用，他也指出，指称实体相对受话人越可及，指称词语的编码信息就越少，指称实体的凸显性与指称词语的明晰性呈现反相关（Ariel，1990）。这一反相关原则显然是以受话人的假定知识状态作为基本判断依据，对指称实体的认识由语篇、语境层面上升到心理层面，把指称信息基本看作是非崭新信息，把所有指称词语视为具有已知性指向，其观念为指称形式的统一解读提供了可及性的框架。

指称形式之间并不存在非此即彼的互补关系，而是对某个实体在大脑中的不同存在状态的反映，这似乎已得到可及性研究的认可，但面对几种指称形式可以兼容的语篇现象，面对与受话人的认知期待不相吻合的指称编码，可及性原则并没有提供统一的解释。比如在学术论文摘要中，介绍研究概貌的出发点一般来说或者是研究的载体（本文），其效果使研究概貌呈现得更为客观；或者是研究的主体（本文作者或者我们），这样把研究看成是一种主观行为的汇报或描述。但对于受话人来说，指称实体（对象）的可及性都不高，却使用了看似与编码信息相当的指称词语，其指称形式均可以兼容在同一语篇中，其语用效果都起到了承载研究报告话题的作用，却明显可以看出这些指称词语的立场、出发点是不同的，然而可及性原则却不能提供明确的解释。

基于此，还应该从主客观的互动关系上来考察，因为"语言不仅仅客观地表达命题式思维，还要表达言语的主体即说话人的观点、情感和态度"（沈家煊，2001：269）。

作为语法结构上的主语，在中国学术论文摘要中，引起讨论的起点显著地开始于研究载体 paper，显示出摘要的主体——作者不愿意参与到讨论中去，在主观上要与研究本身和读者建立距离，使摘要的客观性更强。如下面例句所示：

（1）***This paper*** compared the relative efficiency of gene transfer into zebrafish by microinjection and electroporation.（bc122）

本文对斑马鱼的两种转基因方法的相对有效性进行比较，包括采用显微注射和电脉冲导入法。

（2）***This paper*** introduces the principles of making out the guideline and the experiences of carrying out the guideline.（c121）

本文介绍了制订加工规范的原则和执行加工规范的经验。

（3）***This paper*** proposes a new adaptive DWT via image texture.（cc100）

文中提出一种新型的基于图像纹理的自适应提升小波变换。

（4）***This paper*** intends to discuss the issue concerning how to use the U.S. credit reporting system as reference and strengthen the protection of consumers' identity information in China.（lc102）

本文试图讨论如何借鉴美国信用报告制度，来加强中国客户身份信息的保护。

（5）***This paper*** first discusses the structure of internet public space.（nc124）

本文首先探讨了网络公共空间的构成。

（6）Firstly，***the paper*** discusses the key problems of different kinds of Question-Answering system，then describes the typed feature structures of sign in HPSG and the AVMs based unification.（c178）

本文首先讨论了各种不同类型问答系统的关键问题所在。然后详细叙述了 HPSG 理论中符号的类特征结构。

而在英语国家作者论文摘要语料库中，指称研究载体 article 使用频率总体上要高一些，这显示出本族语者用词方面的多样性和灵活性，然而更值得注意的是 AACE 中引发讨论的起点非常显著地呈现在指称研究主体的第一人称复数代词 We（我们）上。显示出本族语者在学术论文语篇中更愿意在主观上融入研究本身，参与和读者的交流互动，更强调自身的研究身份和原创性。

如果这样把语篇看作是主观、客观互动的结果，把指称选择看作是认知主体参与体验的结果，就可以为指称研究提供有力的补充，显示出认知语法观的解释力和概括力。但此类研究中所存在的思辨成分也受到质疑，需要进行更有力度的实证研究。

从语用上看，由上面讨论中可以看出，中国学术论文语体表现出较强的客观性。在英语本族语者的学术论文中，其作者一般根据客观的远近度来确立指示指称语，达到表达感情和观点的目的。而中国学术论文中，作者更愿意化近为远，化主观为客观，从而在表达立场的同时使文本更具科学性。

因此王义娜（2003，2005，2006）主张把话语主观性同指称可及性结合起来进行指称选择的制约研究。也就是说，指称手段的选择与话语的主观性密切相关。一种语篇情形可以从不同的角度出发进行刻画或解释，说话人视角、受话人视角等都可能凸显为概念视点参照核心，在指称词语的选择过程中发挥作用（王义娜，2005：82）。如在学术论文语料库中，“本文”“我们”“作者”等指称选择是基于不同视角参照下对“研究论文”的主观解释，反映了不同的视角定位和视角可及性。

任何语言表达都奠定在一定的视角之上，即使看似客观的指称表达也不过是由于说话人与受话人视角重合所致，是说话人概念参照视点能力的一种语言体现。

一个语篇可以建立起一个心理参照空间，也可以是一系列心理空间参与的意义构建。不论是语篇指称的产生机制还是理解机制，都还有许多问题值得探讨。正是从这个角度出发，我们期待着更有解释力的指称理论问世。比如说为什么中国学术文章语料库中会更多地选择 paper 来指称“论文”，而不用 article？牛津高阶词典把 paper 一词解释成“写给专家或者为专家写的关于某一特定主题的学术文章”（an academic article about a particular subject that is written by and for specilists），翻译成“论文”；而把 article 一词解释成“报刊或杂志上的有关某一特定主题的文章”（a piece of writing about a particular subject in a newspaper or magazine），翻译成“论文、报道”。由定义可以看出，article 的指称范围更广，而 paper 的语义更确定，更符合学术写作的规范，但也能看出学习者中介语的痕迹，也更循规蹈矩。

这种指称语选择上的差异仅从功能语篇、语用或认知角度，仍不能得到合理的解释，还需要从思维方式上来探讨。

由于中国人非常强调和谐，求稳心理较强，不太愿意进行适当灵活的改变，缺乏个性，而 paper 一词的语义既比较明确，又符合学术规范，其使用不会引起误解，因此正符合中国人求稳怕变、循规蹈矩的心态。而慢慢地，这种指称逐渐变成一种程式、一种套路，其形式多于意义，在思维上呈现出一种超稳定态，形成以不变应万变的思维方式，但忽视的却是对象的个性化及其成果的复杂性、多面性，丧失的是思维的自由性和独立性。

（四）结论

说话人总想用有限的词语传递尽量多的信息，包括说话人的态度与思维方式。显然指称词语的确定并不以语篇、语境或者受话人为中心，而是以认知主体——说话人（即作者）为中心，因此主观性是语篇指称手段的解释基础。也就是说，当作者选用了某一指称形式时，这一选择标示出的可及性高低可能是相对作者自己而言，也可能是相对读者而言的，要依据作者意欲的表达需要而定。所以只有在主观视角核心明确的前提下，可及性原则才能发挥作用。中国作者明显倾向于使用客观程式化的 the paper 来指示论文本身，并以此作为话题的出发点引出研究介绍，和英语本族语者使用主观指称语 we 引出研究主体的行为形成对比。受到思维方式、文化和具体社会状况的影响，这一指称语方面的特征也成为了中国英语变体一个有说服力的证明。

我们试图从词汇层面和句法层面探索一些能体现中国英语变体特色的语体标记，包括倾向于使用动词单数形式，研究的主体和客体均为个体多于群体；整齐划一地使用固定的词和结构，如 showed、propose、N+based 以及一些形容词等，倾向于使用单一模式的 the+N+of（+N）结构、since+ 一段时间、there+have 结构，倾向于使用主观笼统直觉化的情态动词 should，以及单一模式使用客观研究载体指示语 the paper 等。

本章的开篇提到过，也许这些标记特征并不能穷尽中国英语变体的语言特征，只是一些代表，但它们却能在学术英语摘要这一语体形式中非常明显地体现出来，其中有的特征是在当前中国英语变体研究或英语作为世界英语的研究中经常被提到的或被关注的。当然还有其他的特征，还值得继续深入探讨。

社会学家认为，一切文化都是独特的、互不相同的。因此，中国人在用汉语表达文化时得心应手，但用英语来表达时就不大自然。另外，作为文化载体的语言，字里行间都能反映出文本作者本身的文化特质和思维方式，而几乎同时，不同语言的不同结构会也影响着人们的思维方式以及人们的感知。比如，should 用词频繁就能反映出中国传统思维方式上从经验出发对人的主体性。而 ... based、the ... of 结构的高频使用则鲜明地体现出中国传统思维的单向性，总是力求统一、一致，主张用一个标准和一个程式去反映多样性的文化现象。这种呆板的做法，往往使思维认知功能局限在狭窄的范围之内去选择与自身认知习惯相符的所谓有新意、有价值的东西，但事实上，却依然缺乏灵活思辨的能力，而走着诠释遵从的老路。

当然，语篇是立体的，视角也是多面的。从一些整齐划一的结构恰恰就能区分出中国英语变体鲜明的特色。中国作者要成功地完成以英语为媒介的学术交流活动，一方面，当然要充分地尊重英语语法及原则；而另一方面，外国人也要理解和包容中国英语中的“中国”特色。如果双方都能从对方的立场出发，就能达到语言交流的通畅和成功。

第七章

一次研究引发的思考

> The most lucid style is formed by general language.
>
> ——Atistotle
>
> 最明晰的风格是由普通语言形成的。
>
> ——亚里士多德

在前面几章中我们分析了中外学者学术论文英文摘要的语言特点，描述和研究了文理5个子语料库的典型词汇和用法，并从词汇层面和句法层面探索了一些能体现中国英语变体特色的语体标记。本章将对本书的主要研究发现作总结，探讨本研究的意义，分析研究中的不足，并对未来的研究提出一些个人建议和思考。

第一节 变体之间的“异”与“同”

本研究建立了一个包含文理5个学科共2000篇中国和英语国家作者学术论文英文摘要的语料库（AAC），通过对比、定量分析中国作者英文摘要语料库（AACC）和英语国家作者英文摘要语料库（AACE）不同英语变体相应层面上的语言学特征，主要在共时的平面上，探索从学术论文摘要中体现出的中国英语变体在各层面上较为稳定的语言特点，得出的结论如下：

首先，**中国作者的英语学习者身份仍然比较明显**。从英文摘要的撰写来对比英语变体，可以看出中国作者总体上还保持着学习者的身份，他们尽力遵照和维护英语的语法规则和语言习惯，选取的词语仍然缺乏灵活性，用词比较单一，情态动词在使用上也相对集中在判断语义和义务语义强的 can、could 和 should 上，多出现简单、口语化而且不易出现语法错误的“情态动词 + 无体标记动词”和“代词 + 情态动词”序列；但能敏锐地体察到学术论文中使用主动语态、一般现在时和第一人称等新的趋势。这一方面说明中国学术论文在与国际学术接轨方面通过不断的努力已经有了很大的提高，逐渐接近国际规范水准；但另一方面，在语言的灵活性和生动性方面还须努力改善。相比较来看，英语国家作者撰写的论文摘要总体规模要大一些，平均每篇文摘篇幅要长一些，用词比较丰富，内容也显得更加充实，论文摘要的句式更趋复杂和多样，使其在整体风格上富有独创性。与英语本族语者相比，中国作者想要从英语学习者成为成功的英语使用者还有一段距离，还需要不断地学习、研究和实践。

其次，**不同领域语言的语域差别明显，相同领域内语言变体特征突出**。通过进一步展开对不同专业论文摘要的分类对比以及对子语料库典型词汇进行个性刻画，本研究描述和探讨了计算机科学、生物学、法学、新闻传播学和计算语言学 5 个子语料库的典型词汇和用法，生成了各子库的关键词表和词丛分布图；同时还在各专业内部对比了中外英文摘要作者的典型用词和词丛。总体来说，各专业有各自不同的研究内容和研究范式，不论中国学者还是英语国家的学者，既有一些共同的专业术语（词汇和词丛），也有一些共同的研究内容、研究对象和研究方法；但同时，中外学者在各专业中也有自己独特的研究对象和内容，在词语和词丛的使用上也不尽相同，这种不同在学科专业中存在着差别度：在计算机科学和生物学两个理科论文摘要语料库中，中外研究共现的关键词汇要多于法学和新闻传播学两个文科语料库，其中使用词汇和词丛差异最大的是新闻传播学论文摘要语料库，而中外研究共现词和词丛最多的情况却出现在跨学科专业的计算语言学语料库中。中国计算语言学英文摘要的语言，既有中国特色研究，又体现出了国际研究的动向和潮流。

最后，**中国英语变体有明显的语体标记**。通过语料库对比和分析，我们发现了一些中国英语变体的语体标记，包括倾向于使用动词单数形式；研究的主体和客体均为个体多于群体；单一使用固定实词，如 showed 和 propose 等；整齐划一地使用固定的结构：如 N+based、the+N+of（+N）结构、since+ 一段时间搭配以及 there+have 结构；倾向于使用主观笼统直觉化的情态动词 should；以及单一模式使用客观研究载体指示语 the paper 等。

这里需要指出的是，本研究的目的不是要为中国英语作为一种英语变体进行强烈的“声明”，毕竟几十万词的语料库不足以从各方面全方位地描述一种语言特征。作者只是想通过此研究来彰显中国英语语言变体中的一些重要趋势，指出其与英语本族语的一些差异，并尽可能地作出一些解释。

第二节

补充与扩展

——只是开始

本研究对专业学术论文英文摘要的撰写、对语言资源监测、对文化的传承和交流以及对英语教学等方面都具有积极的现实意义，对现有研究是一种补充和扩展，具体体现在以下 5 个方面。

第一，在词汇、搭配选择、语法、时态运用、情态动词和情态序列的使用等方面为各专业英文摘要的写作提供参考和帮助；总结出的各专业论文摘要关键词表可以为计算机、生物、法律、新闻传播以及计算语言学专业的研究者在英文论文撰写方面提供对比语料实例和参考。

第二，建立学术论文摘要语料库，一方面可以为专业学术论文摘要中英文翻译、中国英语变体研究提供语料库文本资源储备和数据支持；另一方面，在语言监测方面，既有利于监测专业英语词汇选择和使用，也可以跟踪中国英语变体的特征和变化，发现中国英语与世界的融合程度和中国英语变体对世界英语的补充和发展程度，为语言资源的监测工作作一些贡献，也为中国语言生活提供重要参考。

第三，在语用方面，要让中国科研领域的研究进展在国际上顺畅地传播是一种以英语为媒介的活动。要成功地完成这一活动，中国人要充分尊重英语的语用原则和民族文化习俗。从另一个角度来说，外国人也得充分容忍和理解中国人撰写的英文的异国特色，双方都能从对方的参照点出发，做到“入乡随俗”。而本研究通过对语料进行对比和考察，既了解了英语国家作者语言运用的特点和习惯，以供中国英语学习者和使用者尤其是学术论文作者借鉴，培养其语言意识，从而提高中国英语使用者的交际信心和熟练程度；同时也对研究所得出的中国英语变体的一些明显特征进行解析和阐释，使中国作者写出的论文摘要更易于被世界人民理解，以提高中国英语变体的传播效果。

第四，在文化传播方面，了解中国英语变体的中国特点不仅有益于中华文明和文化传播，还能部分地弥补汉语在世界范围影响不够广这一缺憾，承载着重要的社会意义，使语言实现凝聚其社团成员的功能。

第五，在实践应用方面，主要体现在应用于中国的英语教学上，只有先承认中国英语变体的客观存在，我们才能在全面发现和分析英语的中国本土化特征基础上，确定哪些特点是中国人不可避免的，在教学中就不再强求学生做无用功去克服之；哪些特点是有益于传播中华文明的，就应该要求学生发扬之；哪些特点是必须克服的，也应该要求学生坚决排除之。这样，英语教师才能在教学中做到有的放矢，一方面便于引导学生了解学术论文摘要写作的规范以及语域和语体的特色；另一方面可以在语言的灵活性和生动性方面加强对学生学术英语能力的培养，以便增强学生学术交流水平，在认清中国英语变体的基础上进一步增强学生的英语应用能力，避免误导。除此之外，中国英语变体的存在对英语语言本身也是一种贡献，它丰富了英语的词汇量，也扩大了英语的影响范围。

第三节
深化与改进
——仍在继续

本研究是在前人研究的基础上对学术英文摘要写作和中国英语变体研究的一个补充和扩展。然而，研究中还有一些局限和不足，一些问题的研究没有深入展开，一些问题还没有涉及，这些都有待在今后的研究中进一步深化和改进。具体研究局限如下：

第一，本研究建立的学术英文摘要语料库规模为30万词，而目前的语料库研究已达到上百万、上千万甚至上亿的词级，相比较来说本语料库规模小，因此会出现相关数据频次显著性不高、代表性不强以及结果准确度有偏差的情况。因此，语料库规模还有待不断扩展，这样呈现出的研究结果会偏差更小。

第二，本研究建立了5个专业对比子语料库，我们知道，即使是在同一个专业，也会有不同的研究领域和方向，其研究内容也必然会有所差异，而本研究在语料库样本采集时仅仅注重的是专业方向的一致性、学术期刊的权威性和作者的身份属性3个维度，没有考虑同一专业对比语料研究方向的对应性问题，因此会导致在同一专业的中英学术论文摘要对比时关键词的分散而影响研究结果的说服力。另一方面，5个专业学科层次不够均衡，生物学属于理学学科门类下的一级学科，计算机科学属于工学学科门类下的一级学科，法学属于法学学科门类下的一级学科，新闻传播学属于文学学科门类下的一级学科，但是计算语言学则属于中国语言文学一级学科下语言学及应用语言学二级学科下的一个方向，或者属于外国语言文学一级学科下外国语言学及应用语言学二级学科下的一个方向，因此研究的 5 个学科中语料所处的学科、门类、等级还不够均衡，虽然只有一个学科与其他 4 个学科等级不均衡，但这对研究结果也会产生影响。

第三，在文本分析中，会发现本研究使用的仅以词丛复现频次为主要依据的统计途径还有可以改进的地方，因为个别词丛会在某些单篇文本中过分集中，成为文本的个体话语特征。因此，在今后的研究中，可以把词丛的复现频率和该词丛在多个文本中的分布情况结合起来进行考量，把那些复现频率高，且分布广泛的词丛提取出来，结果可能会更加准确。

第四，在分析词丛时使用的是提取统计软件 AntConc 中的 n-gram 提取功能，提取出的 n 元词丛的噪声非常大，这在第四章分析子语料库词丛时已经提及，噪声问题在 2 元词丛中体现得尤为突出。即使是长词丛，也有很多属于非结构体，其意义只有通过具体语境才能确认。另外，由于词丛随着长度的增加会吸收其他的词丛，使其具有叠套性，目前的计算机自动处理技术很难识别词丛中哪些部分是核心的，哪些部分是非核心的，不论使用哪种提取软件，产生的噪声信息都还比较多，如何去除这些噪声是一个值得进一步研究的课题，在提取技术方面还有待改进。

第五，在研究中发现，多数中国学术论文的英文摘要都是作者先用中文写成再翻译成英文的译文，这些译文有的存在明显的翻译中介语痕迹，有的则没有完全与中文摘要对应，不能完全反映论文的研究内容，而且英语译文与第一手写出的英文在语言上还会有所差异，这样造成的结果一方面会影响对中国英语变体的语言特征的归纳；另一方面，如果利用本研究语料库能为机器翻译提供平行语料支持，后期需要进行文本对齐的话，将会需要大量的人工加工。

第六，对语料库的加工还可以进一步细化，以便进行论文作者所持观点的情感分析。此外，利用中国学术论文摘要英语的特色用词还可以考虑使用机器自动生成摘要，在本书第六章讨论中国英语特色动词的时候，曾探讨使用这些常用动词生成论文摘要模板，如果深入研究此方面的关键技术，完全可以使计算机自动生成模板，这也值得深入研究的课题。

最后还需要指出的是本书所列的中国化成分中究竟哪些属于不可避免的，哪些属于可以随着中国英语学习者自身英语应用能力的提高而改变的，还需作进一步的探讨。这些结论虽成一孔之见，但由此也足以管窥出中国英语变体在使用上体现出的中国化这一客观事实。

第四节
中国英语作为新兴英语变体的展望

本书中的研究只是部分地解答了与“中国英语”以及相关新兴英语变体的一些问题，但仍然有很多问题等待我们去探求。目前，国际上仍然有很多母语非英语的学者在坚持不懈地研究英语变体的问题。其中比较著名的学者之一基尔就曾经把在非母语语境下的英语标准发展过程分为 3 个阶段（Gill，1999）。在此模型下，第一阶段称为“外成规范阶段”(exonormative phase)，以依靠外在标准（基于第二语言在此种语言发源地国家的使用情况，而非依靠其在当地实际的使用情况）为特征；第二阶段称为“解放和扩展阶段”(liberation and expansion phase)，其特征为在标准向当地本土的英语变体转换的过程中存在许多混乱情况；第三阶段称为“内成规范阶段”(endonormative phase)，这种阶段会出现在将来，以当地标准的更稳定的情况为特征，基于第二语言在当地的实际使用情况，以适应当地语言使用者的实际语用需要。

面对“同一种语言，同一个世界”(One Language，One World）的当下，英语已经成为一种国际语言，而其他国家和民族想要融入国际社会，参与国际交流，被世界认可，都要通过“英语”这座“国际化”的桥梁，中国当然也不例外。在中国本土化语境下的英语变体和其标准都在经历着发展和变化，按照上述基尔的“标准三阶段说”，中国英语变体的标准发展已经进入了第二阶段，其标准正由英语发源地国家的使用情况向中国本土的英语变体使用情况转换。在这一转换过程中会存在许多混乱的情况，但这种新兴变体还会继续发展，其标准也还在继续发展。要抛开本土的标准，这种标准化的过程会受到很多因素的影响；虽然历史告诉我们最终会取决于国家的经济政策，但其标准化根本上还是会由语言群体本身来建立，并由当地的语言学家、语言教师以及语言政策的制定者等以教育的形式加以密切监测（Wade，1995）。而本书的研究正是在尝试探索中国学术用英语搭建通向世界之路的一些关键问题，这是一种值得用心去实践的有希望的尝试。

参考文献

[1] Aijmer, K. Modality in advanced Swedish learners written interlanguage [A] In Granger, S., Hung, J., & Petch-Tyson, S. (eds.). *Computer Learner Corpora, Second Language Acquisition and Foreign Language Teaching* [C]. Amsterdam & Philadelphia: John Benjamins Publication Company, 2002.

[2] Alptekin, C. Target-language Culture in EFl Materials [J]. In *ELT Journal*, 1993 (2): 136–143.

[3] American National Standards Institute. *American Standard: Programming Language PL/I* [M]. New York: American Naitonal Standards Institute, 1979.

[4] Ammon, U. *The Dominance of English as a Language of Science: Effect on Other Languages and Language Communities* [M]. Berlin: Mouton de Gruyter, 2001.

[5] Andrews, D., & Bickle, M. *Technical Writing* [M]. New York: Macmillan Publishing Company, Inc, 1982.

[6] Ariel, M. Accessing Noun-phrase Antecedents [M]. London: Routledge, 1990.

[7] Baron, D. A Positive Trend [J]. In *English Today*, 1989 (18): 10–11.

[8] Baugh, A. *Variations Across Speech and Writing* [M]. Cambridge: Cambridge University Press, 1993.

[9] Beaver, D. The Optimization of Discourse Anaphor [J]. *Linguistics and Philosophy*, 2004

(1): 3–56.

[10] Biber, D. *Linguistics and Style*[M]. Paris: Mouton & Co. Publisher, 1988.

[11] Biber, D. Representiveness in Corpus Design[J]. In *Literary and Linguistic Computing*, 1993 (8): 243–257.

[12] Bolinger, D.Aspects of Language[M]. New York: Harcourt Brace Jovanoovich, 1981.

[13] Bolton, K. *Chinese Englishes: A Sociolinguistic History*[M]. Cambridge: Cambridge University Press, 2003: 13–25.

[14] Bhatia, V. K. *Analyzing Genre: Language Use in Professional Settings*[M]. London & NY: Longman, 1993: 12–14.

[15] Brown, G. & G. Yule. *Discourse Analysis*[M]. Cambridge: Cambridge University Press, 1983.

[16] Brown, R. How Shall a Thing be Called[J]. In *Psychological Review*, 1958 (65): 14–21.

[17] Burrough-Boenisch, J. Shapers of Published NNS Research articles[J]. In *Journal of Second Language Writing*, 2003 (12): 223–243.

[18] Casanave, C. P. *Writing Games: Multicultural Case Studies of Academic Literacy Practices in Higher Education*[M]. Mahwah NJ: Lawrence Erlbaum Associates, 2002.

[19] Chafe, W. Cognitive Constraints on Information Flow[A]. In R. Tomlin (ed.). *Coherence and Grounding in Discourse*[C]. Amsterdam: John Benjamins, 1987.

[20] Chapelle, C. Construct Definition and Validity Inquiry in SLA Research[J]. In L. F. Bachman & A. D. Cohen (Eds.), *Second Language Acquisition and Language Testing Interfaces*. Cambridge: Cambridge University Press, 1998: 32–70.

[21] Charolles, M. Associative Anaphora and Its Interpretation[J]. In *Journal of Pragmatics*, 1999 (31): 311–326.

[22] Charolles, M. & G. Kleiber. Introduction[J]. In *Journal of Pragmatics*, 1999 (31): 307–310.

[23] Cowie, A. P. (ed). *Phraseology: Theory, Analysis, and Application*[C]. Oxford: Oxford University Press, 1998.

[24] Crystal, D. “Grammar” *The Cambridge Encyclopedia of Language Revised*[M]. Cambridge: Cambridge University Press, 1997.

[25] Day, R. A. *How to Write and Publish a Scientific Paper*[M]. Cambeidge: Cambridge University Press, 2006: 29–32.

[26] De Klerk, V. *Corpus Linguistics and World Englishes* [M]. New York: Continuum, 2006.

[27] Douglas, D. *Assessing Language for Specific Purposes* [M]. Cambridge: CUP, 2000.

[28] Enkvist, N. E. *Linguistic Stylistics* [M]. Paris: Mouton & Co. Publisher, 1964.

[29] Enkvist, N. E. *Linguistics and Style* [M]. Paris: Mouton & Co. Publisher, 1973.

[30] Fairman, T. Let Grammarians Return to Describing the Language [J]. In *English Today*, 1989a (17): 3–5.

[31] Fairman, T. English through the Looking Glass [J]. In *English Today*, 1989b (19): 42–45.

[32] Flowerdew, J. Writing for Scholarly Publication in English: The Case of Hong Kong [J]. In *Journal of Second Language Writing*, 1999a (2): 123–145.

[33] Flowerdew, J. Problems in Writing for Scholarly Publication in English: The Case of Hong Kong [J]. In *Journal of Second Language Writing*, 1999b (3): 243–264.

[34] Flowerdew, J. Discourse Community, Legitimate Peripheral Participation, and the Nonnative-English-Speaking Scholar [J]. In *TESOL Quarterly*, 2000 (34): 127–150.

[35] Flowerdew, J. The Non-Anglophone Scholar on the Periphery of Scholar Publication [J]. In *AILA Review*, 2007 (20): 14–27.

[36] Gast, V. (ed). The Scope and Limits of Corpus Linguistics—Empiricism in the Description and Analysis of English [J] In *Special Issue*: *Zeitschrift für Anglistik und Amerikanistik*, 2006 (2): 121–134.

[37] Gill, S. Standards and Emerging Linguistic Realities in the Malaysian Workplace [J]. In *World Englishes*. 1999 (18): 215–232.

[38] Givón, T. (ed.) Topic Continuityon Discourse: A Quantitive Cross-Language Study [C]. Amsterdam: John Benjamins, 1983.

[39] Gliner, J. A. & Morgan, G. A. *Research Methods in Applied Settings*: *An Integrated Approach to Design and Analysis* [M]. London: Psychology Press, 2000.

[40] Graetz, N. Teaching EFL Students to Extract Structural Information from Abstracts [A]. In Ulijn and Pugh (eds.). *Reading for professional purposes*. Leuven, Belgium: ACCO. 1985: 123–135.

[41] Hagege, C. (Trans. Zhang Zujian). L'Homme DeParoles [M]. Beijing: Sanlian Bookstore, 1999.

[42] Halliday, M.A.K., MacIntosh, Angus & Strevens, Peter. *The Linguistics Sciences and Language Teaching* [M]. London: Longman Group Ltd., 1964.

[43] Halliday, M. A. K.& R. Hasan. *Cohesion in English* [M].London: Longman, 1976.

[44] Halliday, M. A. K. *An Introduction to Functional Grammar* [M]. London: Edward Arnold, 1985.

[45] Hinkel, E. The Use of Modal Verbs as a Reflection of Cultural Values [J]. In *TESOL Quarterly*, 1995, 29 (2): 333–335.

[46] Hoey, M. Signaling in Discourse: a Functional Analysis of a Common Discourse Pattern in Written and Spoken English [J]. In M. Coulthard (Ed.), *Advances in Written Text Analysis*, 2001: 26–45.

[47] Hu, Z., Brown, D. F., & Brown, L. B. Some Linguistic Differences in the Written English of Chinese and Australian Students [J]. In *Language Learning and Communication*, 1982 (1): 1.

[48] Hutchinson, T. N. & A. Waters. *English for Specific Purposes—A Learning Centered Approach* (6th ed.)[M]. Cambridge: CPU, 1991.

[49] Huang, Y. A Neo-Gricean Pragmatic Theory of Anaphora [J]. In *Journal of Linguistics*, 1991 (27): 301–335.

[50] Huckin, T. N. Prescriptive Linguistics and Plain English: the Case of “whiz-deletions” [J]. *Visible Language*, 1986 (20): 174–187.

[51] Hyland, K. Disciplinary Interactions: Metadiscourse in L2 Postgraduate Writing [J]. *Journal of Second Language Writing*, 2004 (13): 133–151.

[52] Hyland, K. Disciplinary Voices: Interactions in Research Writings [J]. *Journal of English Text Construction*, 2008 (1): 5–22.

[53] Kachru, B. B. Standards, Codification and Sociolinguistic Realism: The English Language in the Outer Circle [J]. In R. Quirk & H. G. Widdowson (eds.).*English in the World: Teaching and Learning the Language and Literatures.* Cambridge: Cambridge University Press, 1985.

[54] Kachru, B. B. World Englishes: Approaches, Issues and Resources [J]. *Language Teaching*, 1992 (25): 1–14.

[55] Kleiber, G. Associative Anaphora and Part-whole Relationship: The Condition of Alienation and the Principle of Ontological Congruence [J]. *Journal of Pragmatics*, 1999 (31): 339–362.

[56] Kuo, C. H. The Use of Personal Pronouns: Role Relationships in Scientific Journal Articles [J]. In *English for Specific Purposes*, 1999 (3): 121–138.

[57] Langacker, R. *Foundations of Cognitive Grammar* [M]. Bloomington IN: IULC, 1983.

[58] Levinson, S. C. Pragmatics and the Grammar of Anaphora [J]. *Journal of Linguistics*, 1987 (23): 379–434.

[59] Lyons, J. *Language and Linguistics* [M]. Cambeidge: Cambridge University Press, 1981.

[60] Malcolm, L. What Rules Govern Tense Use in Scientific Articles [J]. In *English for Specific Purposes*. 1987 (6): 31–44.

[61] Malinowski, B. The Problem of Meaning in Primitive Languages [A]. Inc. K. Ogden and I. A. Richards (eds.) *The Meaning of Meaning* [C]. New York: Harcourt, Brace and World, 1923: 296–336.

[62] McEnery, T. F. & Wilson, A. *Corpus Linguistics* [M]. Edinburgh: Edinburgh University Press, 1996.

[63] Medgyes, P. Native or Non-native: Who's Worth More ? [J]. In *ELT Journal*, 1992 (46): 340–349.

[64] Melander, B., Swales, J. and Fredickson, K. Journal Abstracts from Three Academic Fields in the United States and Sweden: National or Disciplinary Proclivities [J]. In Anna Duszak (eds.). *Culture and Styles of Academic Discourse*. Berlin: Mouton de Gruyter, 1997.

[65] O'Connor, M. & Woodford, F. P. *Writing Scientific Papers in English* [M]. Trio: The Hague, 1976.

[66] Oakes, M. P. *Statistics for Corpus Linguistics* [M]. Edinburgh: Edinburgh Edinburgh University Press, 1988.

[67] Papafragou A. The Acquisition of Modality: Implications for Theories of Semantic Representation [J]. In *Mind and Language* Vol. 13 [C]. 1998 (3) : 370–399.

[68] Pawley, A. On Speech Formulas and Linguistic Competence [J]. In *Lenguas Modernas*, 1985 (12): 84–104.

[69] Richards, J. C., Platt, H. and Platt. J. *Longman Dictionary of Language Teaching & Applied Linguistics* [K]. Beijing: Foreign Language Teaching and Research Press, 2002.

[70] Quirk, R. International Communication and the Concept of Nuclear English [J]. In *Style and Communication in the English Language*, London: Edward Arnold, 1982.

[71] Quirk R, S. Greenbaum et al. *A Comprehensive Grammar of the English Language* [M]. London: Longman Group Ltd., 1985.

[72] Richards, J. C., Platt, H. and Platt. J. *Longman Dictionary of Language Teaching & Applied Linguistics* [K]. Beijing: Foreign Language Teaching and Research Press, 2002.

[73] Salager-Meyer, F. Discoursal Flaws in Medical English Abstracts: A Genre Analysis per Research- and Text-type [J]. In *Text*, 1990 (4): 365–384.

[74] Saussure, F. de. *Course in General Linguistics.* (Trans. W. Baskin) [M]. NY: Philosophical Library, Inc., 1960.

[75] Slade, C. *Form and Style: Research Papers, Reports and Theses* [M]. Beijing: Foreign Language Teaching and Research Press, 2000.

[76] Swales, J. M. *Genre Analysis, English in Academic and Research Settings* [M].Cambridge: Cambridge University Press, 1990.

[77] Swales, J. M. & Feak, C. B. *Academic Writing for Graduate Students: Essential Tasks and Skill* [M]. Ann Arbor: The University of Michigan Press, 1994.

[78] Swales, J. M. *Genre Analysis: English in Academic and Research Settings* [M]. Shanghai: Shanghai Foreign Language Education Press, 2001: 181.

[79] Sweetser, E. *From Etymology to Pragmatics: Metaphorical and Cultural Aspects of Semantic Structure* [M]. London: Cambridge University Press, 1990.

[80] Tarone, E., Dwyer S., Gillette, S. & Icke, V. On the Use of the Passive and Active Voice in Astrophysics Journal Papers: with Extensions to Other Languages and Other Fields [J]. In *English for Specific Purposes*, 1998 (1): 113–132.

[81] Tatyana, Y. Cultural and Disciplinary Variation in Academic Discourse: the Issue of Influencing Factors [J]. In *Journal of English for Academic Purposes*, 2006 (5): 153–167.

[82] Tippett, J. M. Abstracts, in “Down to Earth Research Advice” . http://www.earthresearch.com/writing-abstract.shtml. Retrieved: 2012-3-29.

[83] Todd, L. & L. Hancock. International English Usage [M]. New York: New York University Press, 1986.

[84] Tognini-Bonelli, E. *Corpus Linguistics at Work* [M]. Amsterdam: John Benjamins, 2001.

[85] Tripathi, P. English: “the chosen tongue” [J]. In *English Today*, 1992 (32): 3–11.

[86] Ufnalska, S. B., Hartley, J. How Can We Evaluate the Quality of Abstracts ? [J]. *European Science Editing*, 2009 (3): 69–71.

[87] Ventola, E. Abstracts as an Object of Linguistic Study [J]. In *Writing vs. Speaking.* Yubingen: Gunter Narr, 1994: 333–352.

[88] Wade, R. A New English for a New South Africa: Restandardisation of South African English [J]. In *South African Journal of Linguistics Supplement*, 1995 (27): 189–202.

[89] Zhou, Z. & W. Feng. The Two Faces of English in China: Englishization of Chinese and Nativization of English[J]. In *World Englishes*, 1987(6): 111-125.
[90] 博尔顿. 欧阳昱，译. 中国式英语——一部社会语言学史[M]. 上海：上海文艺出版社，2011.
[91] 陈娟. EI收录原则下中美工程类期刊英文摘要问题对比研究[D]. 西北大学，2007.
[92] 程晓棠，裘晶. 中国学生英语作文中情态动词的使用情况——一项基于语料库的研究[J]. 外语电化教学，2007(12)：9—15.
[93] 楚渔. 中国人的思维批判(第二版)[M]. 北京：人民出版社，2011.
[94] 杜瑞清. 近二十年"中国英语"研究述评[J]. 外语教学与研究，2001(1)：37—41.
[95] 范晓晖. 论A医学论文英文摘要中被动语态的滥用[J]. 中国科技翻译，2005(4)：11—14.
[96] 高超. 基于语料库的中国新闻英语主题词研究[J]. 北京第二外国语学院学报(外语版)，2006(6)：36—43.
[97] 高怀勇，戢焕奇，汪定明，刘峰. 农业英语论文摘要的语篇特征分析[J]. 外语艺术教育研究，2011(4)：15—19.
[98] 葛传槼. 漫谈由汉译英问题[J]. 翻译通讯，1980(2)：13—14.
[99] 葛冬梅，杨瑞英. 学术论文摘要的体裁分析[J]. 现代外语，2005(2)，138—146.
[100] 何文有. 如何撰写英文摘要[J]. 阜新矿业学院学报(自然科学版)，1995(1)：123—124.
[101] 何宇茵，曹臻珍. 航空航天论文英文摘要的体裁分析[J]. 北京航空航天大学学报(社会科学版)，2010(2)：97—100.
[102] 何兆熊，梅德明. 现代语言学[M]. 北京：外语教学与研究出版社，1999.
[103] 何自然. 言语交际中的语用移情[J]. 外语教学与研究，1991(4)：11—15.
[104] 何自然. 我国近年来的语用学研究[J]. 现代外语，1994(4)：13—17.
[105] 胡明扬. "描写"和"规定"[J]. 语言文字应用，1993(3)：109.
[106] 胡壮麟，姜望琪. 语言学学高级教程[M]. 北京：北京大学出版社，2002.
[107] 黄萍. 从语步结构与动词的及物性过程看中外语言学类期刊摘要中的语言[J]. 重庆大学学报(社会科学版)，2007(4)：126—131.
[108] 贾冠杰，向明友. 为中国英语一辩[J]. 外语与外语教学，1997(5)：11—12.
[109] 姜亚军. 近20年World Englishes研究评述[J]. 外语教学与研究，1995(3)：13—19.
[110] 姜亚军，杜瑞清. 有关"中国英语"的问题——对"'中国英语'质疑"一文的回应

[J]. 外语教学，2003（1）：27—35.
[111] 金惠康．中国英语的语用环境和语用功能与 [J]. 福建外语，2001（2）：12—17.
[112] 李春阳．体育期刊英文摘要常见错误及其原因分析 [J]. 中国体育科技，2008（3）：141—143.
[113] 李红．专门用途英语的发展和专业英语合作教学 [J]. 外语教学，2001（1）：21—22.
[114] 李文中．“中国英语”与“中国式英语”[J]. 外语教学与研究，1993（4）：18—24.
[115] 李文中．中国英语新闻报刊中的词簇 [J]. 外语教学与研究，2007（3）：38—43.
[116] 李学军，王小龙，白兰云，马丽．科技论文英文摘要中常见的介词问题 [J]. 编辑学报，2004（6）：418—420.
[117] 李秀存，李耀先，张永强．科技论文英文摘要的特点及写作 [J]. 广西气象，2001（3）：58—60.
[118] 林秋云．作为外语的英语变体：中国英语 [J]. 外语与外语教学，1998（8）：16—17.
[119] 刘华．我国英语专业高年级学生使用 SHOULD 和 MUST 的情况分析 [J]. 宁波大学学报（教育科学版），2006（2）：86—89.
[120] 刘锦凤．纺织学科学术论文英文摘要的体裁分析 [D]. 东华大学，2009.
[121] 刘胜莲，魏万德．应用语言学论文英文摘要的体裁分析 [J]. 合肥工业大学学报，2008（6）：118—121.
[122] 刘祥清．“中国英语”研究与英语专业文化教学 [J]. 天津外国语学院学报，2005（9）：72—76.
[123] 刘向红．科技论文标题和摘要的英译 [J]. 中国科技翻译，2001（1）：60—63.
[124] 马博森．指称非现场人物的语言策略 [J]. 外语教学，2008（1）：23—28.
[125] 马翠玲，拜合提尼沙．谈语气情态与汉语教学 [J]. 语言与翻译，2002（5）：61—63.
[126] 马克思，恩格斯．马克思恩格斯全集：第 42 卷 [M]. 北京：人民出版社，1979.
[127] 陆国强．现代英语词汇学 [M]. 上海：上海外语教育出版社，1983.
[128] 任静明．科技论文英文摘要的规范化 [J]. 安徽建筑工业学院学报（自然科学版），2004（3）：81—84.
[129] 沈家煊．语言的主观性与主观化 [J]. 外语教学与研究，2001（4）：268—275.
[130] 孙晓青．外语思维和母语思维 [J]. 外语界，2002（4）：16—20.
[131] 陶岳炼，顾明华．英语中汉语借词的社会文化渊源及其语法、语用特征 [J]. 外语与外语教学，2001（11）：9—10.
[132] 滕真如，谭万成．英文摘要的时态、语态问题 [J]. 中国科技翻译，2004（1）：5—7.

[133] 滕真如．采用第一人称撰写科技论文摘要的探讨[J]．中国科技期刊研究，2004，15(4)：492—493.
[134] 汪榕培．中国英语是客观存在的[J]．解放军外国语学院学报，1991(1)：1—8.
[135] 王高生．论文摘要的撰写及英译[J]．中国科技翻译，2005(2)：9—12.
[136] 王敏芳．国际重要检索系统收录标准对科技论文摘要翻译的启示[J]．安徽文学，2008(10)：241—242.
[137] 谢韶亮．经济学类论文英文摘要的对比研究[J]．价值工程，2011(24)：177—178.
[138] 熊春茹．英语科技论文写作与国际检索系统收录原则[J]．南京航空航天大学学报，2002(4)：83—86.
[139] 许余龙．篇章回指的功能语用探索[M]．上海：上海外语教育出版社，2004.
[140] 闫艳．从“标准英语”到“中国英语”——全球化背景下英语教学观的转变[J]．西南民族大学学报(人文社科版)，2008(5)：257—259.
[141] 杨惠中．语料库语言学导论[M]．上海：上海外语教育出版社，2004.
[142] 于建平．科技论文英文摘要的写作与翻译剖析[J]．中国翻译，1999(5)：32—34.
[143] 张磊．中国英语和中式英语之对比分析[J]．外语教学与研究(考试周刊)，2011(1)：92—93.
[144] 张曼．英语学术论文摘要中的情态配置[D]．厦门大学，2009.
[145] 张嫚．中外环境科学类英语学术论文讨论部分的体裁对比分析[D]．重庆大学，2011.
[146] 张培成．使用目的与国别变体——也谈中国英语[J]．现代外语，1995(3)：16—21.

附录 1

学术论文英文摘要语料库基本信息一览表

语料库	子语料库 1	子语料库 2	语料代码	论文摘要来源及时间
AAC 2000 篇 学术论文英文摘要语料库	AAC-CS 400 篇 计算机科学论文英文摘要子语料库	AACC-CS 200 篇 中国作者计算机科学论文英文摘要子语料库	cc01-200	《计算机学报》(2010—2011)
		AACE-CS 200 篇 英语国家作者计算机科学论文英文摘要子语料库	ce01-200	*Adaptive Behavior* (2000-2012) *Information Visualization* (2002-2011) *International Journal of High Performance Computing Applications* (2009-2011) *Communications of the ACM* (2005-2011) *ACM Computing Surveys* (2010-2011) *Computer Science Education* (2008-2010) *European Journal of Engineering Education* (2009) *INFORMS Journal on Computing* (2008) *Minds & Machines* (2007)
	AAC-Bio 400 篇 生物学论文英文摘要子语料库	AACC-Bio 200 篇 中国作者生物学论文英文摘要子语料库	bc01-200	《生物工程学报》(2011) 《生物技术通报》(2011) 《中国生物化学与分子生物学报》(2011)
		AACE-Bio 200 篇 英语国家作者生物学论文英文摘要子语料库	be01-200	*Cellular & Molecular Biology Letters* (2010-2012) *Biology Direct* (2006-2012) *Journal of Histochemistry and Cytochemistry* (2000-2011)

（续表）

语料库	子语料库 1	子语料库 2	语料代码	论文摘要来源及时间
AAC 2000 篇 学术论文英文摘要语料库	AAC-Law 400 篇 法学论文英文摘要子语料库	AACC-Law 200 篇 中国作者法学论文英文摘要子语料库	lc01-200	《环球法律评论》(2009—2011) 《法律科学》(2010—2011)
		AACE-Law 200 篇 英语国家作者法学论文英文摘要子语料库	le01-200	*Harvard Law Review*（2011） *Berkeley Journal of Gender，Law & Justice*（2011） *Case Western Reserve Journal of International Law*（2011） *Journal of Internet Law*（2011） *Criminal Justice Review*（2005-2011） *Marquette Law Review*（2010） *Emory Law Journal*（2010） *American Journal of Law & Medicine*（2010） *Criminal Justice Review*（2010） *Northwestern University Law Review*（2010） *Brigham Young University Law Review*（2009）
	AAC-Com 400 篇 新闻传播学论文英文摘要子语料库	AACC-Com 中国作者新闻传播学论文英文摘要子语料库	nc01-200	《新闻与传播研究》(2009—2011) 《国际新闻界》(2011) 《浙江大学学报（人文社会科学版）》(2008)
		AACE-Com 200 篇 英语国家作者新闻传播学论文英文摘要子语料库	ec01-200	*Journal of Media Research*（2011） *Communication Research*（2002-2011） *Florida Communication Journal*（2010-2011） *Media International Australia*（2011） *Atlantic Journal of Communication*（2010）

（续表）

语料库	子语料库 1	子语料库 2	语料代码	论文摘要来源及时间
AAC 2000 篇 学术论文英文摘要语料库	AAC-CL 400 篇 计算语言学论文英文摘要子语料库	AACC-CL 200 篇 中国作者计算语言学论文英文摘要子语料库	c01-200	《中文信息学报》（2000—2012） 《计算机工程与设计》（2003—2011） 《当代语言学》（2009—2010） 《计算机工程与应用》（2007—2010） 《计算机科学》（2003—2010） 《计算机工程与科学》（2009） 《计算机仿真》（2007—2009） 《语言文字应用》（2000—2008） 《外语教学与研究》（2004） 《模式识别与人工智能》（2004） 《计算机工程》（2003） 《计算机应用》（2003） 《计算机研究与发展》（2001） 《外语学刊》（2001） 《浙江大学学报（人文社会科学版）》（2011） 《北京师范大学学报（社会科学版）》（2010） 《东南大学学报（自然科学版）》（2010） 《华中科技大学学报（社会科学版）》（2005） 《清华大学学报（哲学社会科学版）》（2004） 《四川大学学报（自然科学版）》（2004） 《华南理工大学学报（自然科学版）》（2004） 《内蒙古大学学报（自然科学版）》（2003） 《广西师范大学学报（自然科学版）》（2003） *Association for Computational Linguistics* 会议论文（2009-2012）

（续表）

语料库	子语料库 1	子语料库 2	语料代码	论文摘要来源及时间
AAC 2000篇 学术论文英文摘要语料库	AAC-CL 400篇 计算语言学论文英文摘要子语料库	AACE-CL 200篇 英语国家作者计算语言学论文英文摘要子语料库	e01-200	*Second Language Research*（2011） *International Journal of Corpus Linguistics*（2010） *Literary & Linguistic Computing*（2009-2010） *Language Acquisition: A Journal of Developmental Linguistics*（2010） *Language and Cognitive Processes*（2009） *Laboratory Phonology*（2009） *Language Learning*（2009） *Computational Linguistics*（2007-2010） *Linguistics*（2009） *Modern Language Journal*（2007-2009） *Journal of Quantitative Linguistics*（2008） *Minds & Machines*（2007） *International Journal of Speech Technology*（2007） *Computer Assisted Language Learning*（2006-2009） *Communications of the ACM*（2011） *Proceedings of the Annual Meeting of the Association for Computational Linguistics*（2001-2011）

附录 2

情态序列正则表达式

1. can_VM\s\S+_XX
2. can_VM\s\S+_XX\s（\S+_R\S+\s）? \S+_VVI
3. can_VM\s（\S+_R\S+\s）? \S+_VVI
4. could_VM\s（\S+_R\S+\s）? \S+_VVI
5. should_VM\s\S+_XX\s（\S+_R\S+\s）? \S+_VBI
6. should_VM\s（\S+_R\S+\s）? \S+_VVI
7. could_VM\s（\S+_R\S+\s）? \S+_VBI
8. PPIS2\scan_VM
9. PPH1\sshould_VM
10. could_VM\s\S+_RR

附录 3

各专业英文摘要关键词表

计算机学英文摘要关键词表（前 200 词）

排序	关键词	关键性	频次	排序	关键词	关键性	频次
1	algorithm	1157.139	234	19	methods	323.922	122
2	paper	1112.711	288	20	authors	323.185	92
3	based	1043.79	321	21	computing	323.001	70
4	data	827.529	358	22	show	301.348	121
5	model	823.155	274	23	multi	283.948	66
6	proposed	678.427	174	24	dynamic	273.987	74
7	behavior	616.764	118	25	system	272.571	194
8	network	602.989	154	26	techniques	265.94	92
9	results	557.81	182	27	neural	264.446	49
10	visualization	518.098	96	28	presents	259.933	67
11	performance	496.633	159	29	networks	259.247	56
12	method	468.963	182	30	test	254.255	92
13	algorithms	437.07	92	31	computer	250.562	92
14	learning	370.628	127	32	experiments	248.564	69
15	information	357.967	185	33	proposes	247.229	58
16	software	356.507	94	34	web	247.204	50
17	analysis	340.445	174	35	models	246.589	91
18	optimization	329.208	61	36	systems	244.602	125

（续表）

排序	关键词	关键性	频次	排序	关键词	关键性	频次
37	visual	238.672	65	65	set	163.749	102
38	applications	237.837	68	66	improve	163.622	46
39	testing	232.239	65	67	robots	163.043	33
40	robot	222.659	43	68	temporal	161.948	49
41	query	222.35	53	69	internet	161.906	30
42	multiple	222.263	61	70	tools	159.618	46
43	scheme	215.044	65	71	adaptive	159.291	48
44	new	212.049	155	72	defect	158.542	31
45	using	209.262	120	73	research	157.363	97
46	modeling	205.081	38	74	memory	157.071	54
47	design	203.511	97	75	cache	156.509	29
48	simulation	202.654	61	76	visualizations	156.509	29
49	efficiency	193.754	50	77	mechanism	156.508	44
50	computational	192.544	43	78	user	155.971	75
51	program	192.078	54	79	execution	153.306	33
52	graph	191.334	42	80	framework	152.679	64
53	security	188.978	49	81	scheduling	152.492	31
54	nodes	188.868	43	82	patterns	146.096	51
55	technique	186.116	54	83	complexity	146.088	45
56	architecture	181.087	40	84	users	143.897	46
57	routing	178.096	33	85	key	142.772	60
58	application	176.205	70	86	metrics	142.552	28
59	experimental	173.612	59	87	efficient	141.68	38
60	analyzed	169.213	33	88	detection	140.627	34
61	interactive	168.326	42	89	presented	139.819	62
62	time	165.968	174	90	trust	138.292	40
63	approach	165.549	98	91	high	138.133	85
64	article	165.342	57	92	distributed	137.702	39

（续表）

排序	关键词	关键性	频次	排序	关键词	关键性	频次
93	implementation	137.161	35	121	real	108.485	70
94	agents	134.973	34	122	encryption	107.937	20
95	reinforcement	131.818	28	123	agent	107.566	38
96	existing	131.77	59	124	verification	105.337	21
97	environment	130.368	72	125	privacy	105.241	22
98	code	130.148	36	126	students	105.009	34
99	optimal	129.894	35	127	science	102.788	66
100	space	128.762	64	128	behavioral	102.54	19
101	scale	128.171	57	129	mapping	101.669	26
102	protocol	126.584	25	130	simulated	100.337	24
103	problem	126.195	122	131	cluster	100.023	21
104	similarity	125.904	31	132	virtual	100.023	21
105	node	125.275	29	133	parameters	99.559	32
106	dimensional	124.151	41	134	hierarchical	98.276	29
107	evaluation	123.876	49	135	structure	97.933	77
108	domain	123.475	35	136	traditional	97.416	47
109	computation	121.446	26	137	cannot	97.143	18
110	analyze	121.267	24	138	mesh	97.143	18
111	large	119.704	84	139	tool	95.66	28
112	analyzing	118.731	22	140	pattern	94.122	41
113	graphs	118.731	22	141	finally	94.014	51
114	effective	115.619	51	142	consumption	93.553	22
115	strategy	115.202	36	143	technology	93.256	46
116	firstly	113.455	31	144	path	93.11	35
117	communication	113.388	44	145	challenges	92.507	23
118	foraging	113.334	21	146	efficiently	91.908	21
119	semantic	112.116	27	147	texture	91.908	21
120	novel	108.784	54	148	behaviors	91.747	17

（续表）

排序	关键词	关键性	频次	排序	关键词	关键性	频次
149	GPU	91.747	17	175	demonstrate	80.48	30
150	scalability	91.747	17	176	automatically	80.375	22
151	workflow	91.747	17	177	trusted	79.238	17
152	resource	91.406	29	178	color	78.883	16
153	fault	90.937	31	179	virus	78.883	16
154	evolution	90.714	38	180	effectively	78.873	35
155	mobile	90.474	26	181	artificial	78.647	28
156	platform	90.471	22	182	programs	78.254	22
157	feature	89.165	45	183	provide	78.147	61
158	designed	87.034	37	184	simulations	78.01	20
159	implemented	86.728	26	185	propose	77.914	24
160	chip	86.35	16	186	process	77.191	91
161	debugging	86.35	16	187	displays	75.742	21
162	wireless	86.35	16	188	analytics	75.556	14
163	constraints	85.43	29	189	MAM	75.556	14
164	dynamics	85.43	29	190	runtime	75.556	14
165	support	85.386	57	191	reduce	75.314	34
166	navigation	84.162	17	192	study	75.093	63
167	structures	83.386	36	193	fuzzy	73.684	21
168	supports	82.819	21	194	partition	73.684	21
169	sets	82.567	38	195	matching	73.226	19
170	static	82.07	31	196	prediction	73.121	26
171	tasks	81.765	41	197	compared	72.536	45
172	QoS	80.953	15	198	environments	71.745	21
173	robotics	80.953	15	199	control	71.568	56
174	visualisation	80.953	15	200	image	71.078	39

生物学英文摘要关键词表（前200词）

排序	关键词	关键性	频次	排序	关键词	关键性	频次
1	cells	2195.541	452	31	amino	273.946	55
2	protein	1517.153	294	32	collagen	273.5	53
3	cell	1449.046	337	33	study	269.583	135
4	expression	1214.009	332	34	mechanism	258.869	69
5	gene	1050.927	226	35	virus	258.576	52
6	proteins	906.337	178	36	SPARC	258.019	50
7	DNA	577.963	112	37	activation	246.911	57
8	showed	504.698	131	38	RNA	242.538	47
9	genes	500.579	117	39	role	240.269	109
10	results	489.428	175	40	genome	238.093	48
11	tissues	485.076	94	41	proliferation	235.14	51
12	tissue	481.686	101	42	fold	230.392	49
13	PCR	479.916	93	43	lung	225.765	51
14	antibody	443.793	86	44	clinical	222.74	45
15	staining	428.312	83	45	type	222.447	112
16	recombinant	417.991	81	46	antigen	221.897	43
17	tumor	412.831	80	47	labeling	221.897	43
18	cancer	363.275	90	48	binding	221.56	51
19	muscle	362.07	75	49	mouse	221.065	46
20	cartilage	361.227	70	50	detected	217.451	65
21	growth	351.29	126	51	regulation	216.659	50
22	mRNA	319.944	62	52	membrane	213.873	51
23	cellular	309.831	62	53	pathway	212.509	43
24	bone	307.557	63	54	molecular	208.947	73
25	enzyme	299.575	60	55	apoptosis	206.415	40
26	activity	299.519	110	56	signaling	206.415	40
27	mice	289.322	58	57	leptin	201.255	39
28	expressed	289.169	107	58	skin	200.779	42
29	acid	285.279	63	59	evolution	196.41	68
30	CD	275.748	62	60	specific	194.11	103

（续表）

排序	关键词	关键性	频次	排序	关键词	关键性	频次
61	production	191.64	79	91	microscopy	159.972	31
62	antibodies	190.934	37	92	myc	159.972	31
63	normal	190.39	63	93	purified	159.972	31
64	bacteria	185.774	36	94	receptor	156.328	32
65	lipid	185.774	36	95	extracellular	154.812	30
66	serum	185.774	36	96	yeast	154.812	30
67	induced	182.116	55	97	conserved	151.23	31
68	disease	181.868	47	98	replication	150.113	33
69	increased	180.836	72	99	apoptotic	149.651	29
70	epithelial	180.614	35	100	blotting	149.651	29
71	fibers	180.614	35	101	cloned	149.651	29
72	immunohistochemistry	180.614	35	102	compared	149.617	73
73	sequences	180.183	44	103	analysis	147.527	118
74	using	179.959	118	104	respectively	146.536	54
75	genetic	178.659	56	105	development	146.5	97
76	localization	176.737	36	106	sequence	144.827	61
77	localized	175.808	40	107	acids	144.491	28
78	introns	175.453	34	108	enzymes	144.491	28
79	peptide	175.453	34	109	fixation	144.491	28
80	vitro	175.453	34	110	kinase	144.491	28
81	pathways	170.293	33	111	significantly	144.269	49
82	high	170.269	102	112	signal	144.056	42
83	analyzed	166.529	34	113	vector	143.668	73
84	ECM	165.132	32	114	transcription	141.488	33
85	fluorescence	165.132	32	115	immune	140.164	30
86	ras	165.132	32	116	rat	140.151	31
87	levels	162.14	72	117	ml	139.33	27
88	assay	160.32	34	118	neurons	139.33	27
89	RT	160.32	34	119	vaccine	139.33	27
90	mg	159.972	31	120	cycle	138.794	44

（续表）

排序	关键词	关键性	频次	排序	关键词	关键性	频次
121	demonstrated	136.139	47	151	higher	115.08	54
122	fermentation	134.17	26	152	marker	115.066	25
123	genomic	134.17	26	153	regulated	115.066	25
124	MHC	134.17	26	154	roles	114.678	37
125	patients	131.081	33	155	multiple	114.599	39
126	rats	130.812	30	156	investigated	114.094	30
127	associated	129.098	68	157	terminal	113.748	28
128	endothelial	129.01	25	158	articular	113.528	22
129	immunoreactivity	129.01	25	159	differentiation	110.908	33
130	transgenic	129.01	25	160	blood	110.804	32
131	brain	126.59	35	161	bp	110.533	23
132	wild	126.59	35	162	batch	110.063	24
133	factor	126.008	58	163	glucose	110.063	24
134	observed	123.899	56	164	repair	108.983	27
135	biomass	123.849	24	165	EGFP	108.368	21
136	caspase	123.849	24	166	integrin	108.368	21
137	eukaryotic	123.849	24	167	transfected	108.368	21
138	inhibitor	123.849	24	168	tumors	108.368	21
139	plasmid	123.849	24	169	domain	106.906	33
140	revealed	122.185	37	170	decreased	106.371	25
141	human	121.22	121	171	receptors	105.459	22
142	intracellular	120.69	25	172	regulatory	105.459	22
143	pH	120.69	25	173	treatment	105.242	47
144	bacterial	118.689	23	174	residues	105.066	23
145	ERK	118.689	23	175	assays	103.208	20
146	labeled	118.689	23	176	cDNA	103.208	20
147	lesions	118.689	23	177	coli	103.208	20
148	TGF	118.689	23	178	liver	103.208	20
149	TNF	118.689	23	179	metabolism	103.208	20
150	biological	115.521	56	180	vivo	103.208	20

（续表）

排序	关键词	关键性	频次	排序	关键词	关键性	频次
181	primary	103.1	52	191	antigens	98.047	19
182	methods	102.809	64	192	basal	98.047	19
183	functional	102.195	34	193	cytoplasmic	98.047	19
184	strain	100.78	41	194	DMM	98.047	19
185	skeletal	100.39	21	195	elisa	98.047	19
186	stained	100.39	21	196	fibroblasts	98.047	19
187	viral	100.39	21	197	fluorescent	98.047	19
188	infection	100.075	22	198	microfracture	98.047	19
189	target	99.728	33	199	PKC	98.047	19
190	studies	98.899	66	200	sulfate	98.047	19

法学英文摘要关键词表（前 200 词）

排序	关键词	关键性	频次	排序	关键词	关键性	频次
1	law	2116.474	570	17	public	268.787	107
2	legal	1402.569	275	18	right	268.591	114
3	article	715.59	160	19	harassment	260.651	47
4	criminal	696.884	157	20	system	244.507	159
5	discrimination	627.759	123	21	laws	239.171	66
6	rights	596.948	149	22	disability	214.883	38
7	judicial	506.582	106	23	Chinese	214.206	39
8	China	490.434	85	24	offenders	211.488	51
9	justice	414.113	104	25	research	208.982	100
10	crime	405.93	124	26	sentencing	200.489	34
11	civil	363.695	90	27	study	195.057	92
12	court	354.192	101	28	mediation	192.396	37
13	equality	316.548	72	29	programs	189.289	41
14	legislation	314.335	77	30	protection	176.56	53
15	international	312.129	79	31	examines	172.89	39
16	administrative	271.88	59	32	constitutional	169.897	44

（续表）

排序	关键词	关键性	频次	排序	关键词	关键性	频次
33	state	169.025	87	61	penalty	112.038	19
34	legislative	158.248	33	62	policy	111.969	55
35	findings	156.565	39	63	supervision	111.852	26
36	prison	156.194	32	64	development	111.159	68
37	states	154.043	71	65	procedure	110.735	44
38	private	152.086	54	66	drug	110.387	29
39	based	144.569	78	67	prosecution	110.002	20
40	evidence	144.134	72	68	victimization	108.608	29
41	theory	141.382	92	69	mechanism	108.42	30
42	cannot	135.625	23	70	factors	105.253	51
43	behavior	133.375	25	71	explores	104.746	20
44	offense	129.728	22	72	standards	102.06	28
45	rule	129.147	69	73	litigation	101.278	22
46	society	128.655	61	74	institution	99.995	25
47	victim	127.265	32	75	domestic	98.885	28
48	correctional	123.832	21	76	conflict	98.815	36
49	race	123.541	37	77	review	98.383	34
50	institutional	122.769	34	78	perceptions	97.257	27
51	concerning	119.784	32	79	modern	96.15	44
52	delinquency	117.935	20	80	treatment	95.677	37
53	construction	117.074	37	81	community	95.528	49
54	sexual	116.513	57	82	measures	95.449	38
55	social	115.308	117	83	compensation	93.346	22
56	market	115.082	36	84	doctrine	93.013	24
57	procedural	114.552	25	85	requirements	91.989	32
58	regulation	114.552	25	86	relationship	91.849	58
59	federal	114.381	26	87	future	91.578	39
60	cases	112.344	65	88	courts	91.57	34

（续表）

排序	关键词	关键性	频次	排序	关键词	关键性	频次
89	officers	90.036	29	117	EU	76.658	13
90	paper	89.93	44	118	interests	76.277	32
91	act	89.491	76	119	sex	75.751	39
92	jurisdiction	89.24	18	120	inmates	75.314	14
93	property	87.785	42	121	restorative	75.314	14
94	commercial	87.716	24	122	anti	75.066	27
95	theoretical	87.647	40	123	unfair	74.906	18
96	legalism	86.849	16	124	rules	74.345	44
97	online	86.849	16	125	significant	72.542	46
98	enforcement	85.13	19	126	fiscal	70.761	12
99	interpretation	84.337	49	127	WTO	70.761	12
100	gang	83.659	17	128	obligations	70.713	14
101	victims	82.98	20	129	trademark	70.713	14
102	internet	82.554	14	130	authors	70.246	28
103	retrial	82.554	14	131	employment	69.722	33
104	new	81.954	85	132	age	69.183	41
105	offender	81.862	21	133	agencies	68.716	20
106	employers	80.821	20	134	results	68.24	43
107	punishment	79.2	26	135	organizational	67.672	17
108	provisions	79.115	27	136	financial	65.941	20
109	schools	79.004	30	137	health	64.939	38
110	united	77.88	43	138	incarceration	64.864	11
111	application	77.611	37	139	jurors	64.864	11
112	supreme	77.201	17	140	PRC	64.864	11
113	substantive	76.887	20	141	rural	64.151	22
114	role	76.879	46	142	discusses	64.074	19
115	constitution	76.864	39	143	insurance	63.789	18
116	behaviors	76.658	13	144	human	63.581	72

（续表）

排序	关键词	关键性	频次	排序	关键词	关键性	频次
145	impact	63.346	31	173	ownership	54.554	19
146	racial	63.342	23	174	concludes	54.4	16
147	trial	62.201	17	175	countries	54.045	30
148	racism	61.683	15	176	arrest	53.917	11
149	hermeneutics	61.538	13	177	liability	53.259	41
150	police	61.377	44	178	education	53.211	33
151	reform	61.052	26	179	turnover	53.197	12
152	program	60.949	21	180	analyzes	53.071	9
153	regulations	60.778	16	181	governance	53.071	9
154	issues	60.579	36	182	lawmaking	53.071	9
155	fundamental	59.931	31	183	characteristics	52.802	32
156	rates	59.498	25	184	capability	52.373	10
157	jail	58.967	10	185	also	52.232	117
158	power	58.89	52	186	agency	51.885	22
159	predictors	58.538	13	187	african	51.514	13
160	liberalization	58.088	11	188	protecting	51.514	13
161	regulatory	58.088	11	189	accordance	51.178	15
162	implementation	57.397	16	190	amendment	51.03	14
163	implications	57.326	25	191	directive	51.03	14
164	proof	56.672	19	192	effects	50.633	38
165	crimes	56.25	17	193	scope	50.447	22
166	resolution	56.104	21	194	traditional	50.112	28
167	ethnicity	56.072	12	195	discussed	49.914	29
168	judges	55.878	15	196	decisions	49.238	26
169	european	55.873	33	197	logic	48.865	21
170	risk	55.547	32	198	safety	48.403	22
171	country	55.434	29	199	confidentiality	48.369	10
172	duty	55.215	21	200	constitutive	48.369	10

新闻传播学英文摘要关键词表（前200词）

排序	关键词	关键性	频次	排序	关键词	关键性	频次
1	media	2624.217	489	29	newspaper	205.909	45
2	communication	2178.761	422	30	behaviors	201.164	34
3	news	1127.256	204	31	television	200.365	45
4	study	707.952	215	32	behavior	197.54	36
5	China	598.235	103	33	network	195.158	58
6	information	527.829	207	34	experiment	194.129	52
7	paper	476.219	134	35	relationship	181.801	85
8	online	456.765	79	36	web	180.66	34
9	internet	408.244	69	37	model	172.779	88
10	public	397.326	138	38	advertising	171.325	37
11	Chinese	396.096	70	39	cognitive	169.553	43
12	research	369.135	142	40	related	169.484	78
13	results	363.768	120	41	journalists	165.664	28
14	relational	342.868	63	42	content	158.183	58
15	journalism	337.245	57	43	virtual	156.963	29
16	messages	313.743	57	44	mediated	151.988	29
17	social	293.101	183	45	theory	151.765	95
18	article	288.886	77	46	studies	148.365	68
19	effects	274.313	101	47	face	147.823	47
20	opinion	271.126	69	48	interaction	147.664	52
21	perceived	261.974	64	49	partner	146.934	33
22	perceptions	261.816	59	50	support	144.78	67
23	influence	243.431	85	51	viewing	143.719	29
24	findings	235.265	54	52	judgments	139.634	26
25	participants	234.527	79	53	press	139.468	39
26	exposure	227.621	49	54	survey	137.262	43
27	based	225.828	101	55	hurt	134.86	26
28	TV	220.795	40	56	examined	133.192	38

（续表）

排序	关键词	关键性	频次	排序	关键词	关键性	频次
57	implications	131.345	43	85	group	112.393	58
58	traditional	131.125	50	86	negative	112.216	47
59	positively	130.937	29	87	image	111.42	45
60	authors	129.247	42	88	disclosure	110.398	20
61	crisis	129.002	33	89	dating	108.266	22
62	sports	128.109	24	90	examines	105.569	26
63	self	127.877	84	91	apprehension	102.691	21
64	cartoon	127.874	23	92	how	100.845	105
65	gender	127.038	44	93	negatively	100.84	20
66	new	126.592	103	94	sexual	100.43	52
67	tested	126.181	30	95	reported	98.966	37
68	mass	125.322	58	96	students	98.27	29
69	dissemination	125.072	25	97	analysis	98.148	77
70	ads	124.248	21	98	impact	96.811	40
71	reports	123.416	34	99	associated	96.374	47
72	individuals	123.175	53	100	predicted	95.565	29
73	coverage	120.395	32	101	association	95.023	30
74	interpersonal	119.458	24	102	discussed	94.972	42
75	game	118.807	29	103	uncertainty	94.672	32
76	audience	118.074	28	104	analyzes	94.665	16
77	effect	117.954	78	105	development	94.386	62
78	intimacy	117.805	23	106	mobile	93.474	24
79	people	117.259	96	107	processing	90.386	30
80	relationships	116.114	46	108	rumor	88.749	15
81	use	114.053	122	109	bias	88.526	28
82	attitudes	113.498	41	110	partners	88.173	24
83	positive	112.77	50	111	strategies	87.766	27
84	goal	112.647	33	112	analyses	87.689	32

（续表）

排序	关键词	关键性	频次	排序	关键词	关键性	频次
113	identity	86.37	33	141	agenda	71.513	22
114	factors	85.675	45	142	responses	71.423	26
115	newspapers	85.501	19	143	behavioral	70.999	12
116	market	85.002	29	144	entertainment	70.999	12
117	members	84.943	42	145	gatekeeping	70.999	12
118	theoretical	84.742	39	146	rumors	70.999	12
119	organizational	83.367	20	147	professional	70.922	21
120	modeling	82.832	14	148	avoidance	70.091	17
121	reactance	82.832	14	149	groups	69.505	45
122	college	82.266	21	150	satisfaction	69.183	25
123	using	81.362	63	151	programs	69.175	18
124	outcomes	81.207	20	152	discusses	69.095	20
125	mediation	80.558	17	153	structural	68.455	27
126	radio	80.558	17	154	capital	68.263	21
127	smoking	80.558	17	155	compliance	68	17
128	levels	78.133	38	156	two	67.893	120
129	trends	78.014	24	157	differences	67.097	54
130	reporting	77.597	18	158	predictions	66.788	15
131	team	77.033	22	159	message	66.317	20
132	expo	76.916	13	160	risk	65.76	35
133	explores	76.647	15	161	oriented	65.626	22
134	peasants	76.647	15	162	role	65.547	42
135	cultural	75.979	40	163	adolescents	65.349	13
136	advertisements	74.819	17	164	literacy	65.082	11
137	medium	73.505	23	165	rationals	65.082	11
138	toward	73.204	24	166	terrorism	65.082	11
139	hypotheses	73.086	18	167	video	64.189	14
140	competence	72.146	16	168	daily	64.131	18

（续表）

排序	关键词	关键性	频次	排序	关键词	关键性	频次
169	depictions	64.055	12	185	indirect	57.258	18
170	channels	62.954	16	186	management	57.116	30
171	credibility	62.525	17	187	influences	57.101	20
172	freedom	61.32	28	188	education	56.798	34
173	data	59.56	80	189	predicts	56.307	12
174	conducted	59.39	17	190	consumption	56.178	13
175	controlling	59.339	16	191	seeking	56.114	20
176	diplomacy	59.166	10	192	significant	56	40
177	hurtful	59.166	10	193	religious	55.946	19
178	advertisement	58.792	13	194	high	55.812	46
179	construction	58.465	23	195	society	55.532	38
180	affect	58.391	24	196	trend	55.157	20
181	setting	58.342	21	197	national	54.805	36
182	hypothesized	58.305	11	198	CMC	53.249	9
183	american	58.191	30	199	comforting	53.249	9
184	mechanism	58.142	19	200	ICT	53.249	9

计算语言学英文摘要关键词表（前 200 词）

排序	关键词	关键性	频次	排序	关键词	关键性	频次
1	Chinese	1264.756	217	9	computational	763.31	138
2	language	1142.593	333	10	linguistics	666.291	125
3	semantic	1014.683	181	11	translation	653.491	126
4	model	1000.273	282	12	processing	601.399	130
5	paper	995.241	237	13	algorithm	566.603	110
6	corpus	963.274	166	14	parsing	540.734	93
7	based	876.113	252	15	method	528.719	175
8	word	842.906	205	16	syntactic	524.497	96

（续表）

排序	关键词	关键性	频次	排序	关键词	关键性	频次
17	linguistic	502.794	121	45	web	210.062	39
18	information	430.1	181	46	approach	207	97
19	words	417.311	147	47	speech	206.54	68
20	lexical	417.233	80	48	data	201.822	138
21	grammar	378.013	85	49	disambiguation	201.698	34
22	machine	374.285	98	50	nlp	201.698	34
23	english	340.643	112	51	accuracy	199.577	55
24	automatic	307.732	64	52	methods	198.78	78
25	results	296.841	104	53	treebank	195.766	33
26	languages	287.953	61	54	alignment	192.866	39
27	statistical	277.143	68	55	propose	187.818	43
28	system	273.081	167	56	analysis	186.407	107
29	structure	272.214	118	57	show	185.638	78
30	article	270.475	73	58	dependency	184.99	41
31	text	265.839	128	59	annotation	183.901	31
32	knowledge	257.157	125	60	automatically	182.828	39
33	domain	252.004	56	61	features	182.747	78
34	sentence	241.559	106	62	rules	177.75	73
35	research	237.188	107	63	using	171.586	93
36	similarity	235.98	48	64	grammars	169.675	32
37	parser	233.879	41	65	bilingual	169.239	30
38	corpora	231.36	39	66	performance	163.83	66
39	models	225.96	76	67	sentiment	163.218	30
40	learning	221.444	79	68	evaluation	161.282	52
41	proposed	217.504	65	69	experiments	159.343	44
42	semantics	215.848	40	70	algorithms	158.529	34
43	classification	211.105	56	71	grammatical	158.29	41
44	natural	210.258	100	72	tagging	158.18	30

（续表）

排序	关键词	关键性	频次	排序	关键词	关键性	频次
73	verb	152.018	39	101	phonological	111.2	21
74	lexicon	151.65	27	102	dictionary	108.484	32
75	sentences	146.689	64	103	parsers	106.781	18
76	recognition	146.521	41	104	computer	104.853	46
77	tree	146.466	40	105	matching	104.587	23
78	approaches	139.759	42	106	new	102.83	93
79	learners	136.443	23	107	techniques	102.114	43
80	texts	134.651	57	108	modeling	100.849	17
81	acquisition	134.538	34	109	retrieval	99.196	22
82	improve	132.159	35	110	analyze	99.052	18
83	phrase	129.757	44	111	parse	99.052	18
84	nouns	128.485	24	112	problem	98.038	92
85	ambiguity	128.369	32	113	verbs	96.609	21
86	large	124.978	74	114	decoding	94.917	16
87	baseline	124.578	21	115	phonology	94.917	16
88	extraction	123.856	24	116	synonyms	94.917	16
89	representation	123.243	47	117	precision	94.8	23
90	present	122.337	73	118	distributional	93.99	18
91	presents	120.712	33	119	unification	93.99	18
92	probabilistic	119.832	24	120	theory	93.759	74
93	base	119.291	34	121	NP	93.231	17
94	target	119.163	32	122	input	93.092	30
95	segmentation	116.548	21	123	set	89.967	64
96	noun	116.362	30	124	phrases	89.834	29
97	syntax	115.427	25	125	application	89.563	40
98	anaphora	112.714	19	126	labeling	88.985	15
99	describe	112.14	47	127	discusses	88.536	24
100	network	111.564	39	128	role	87.699	49

（续表）

排序	关键词	关键性	频次	排序	关键词	关键性	频次
129	describes	86.843	33	157	improves	72.615	17
130	sense	85.349	57	158	networks	72.615	17
131	predicate	84.258	17	159	document	72.429	20
132	systems	83.855	60	160	scale	71.746	35
133	WSD	83.052	14	161	resources	71.377	33
134	online	81.609	15	162	tags	71.207	14
135	efficient	80.475	22	163	annotations	71.188	12
136	senses	79.485	20	164	cannot	71.188	12
137	statistics	79.157	23	165	introduces	70.859	19
138	vocabulary	78.948	21	166	pairs	70.859	19
139	formalism	78.66	16	167	roles	70.582	22
140	applications	77.933	27	168	relations	70.237	37
141	implementation	77.575	20	169	analyzed	70.021	13
142	discourse	77.225	71	170	computing	68.259	17
143	MT	77.12	13	171	inference	68.116	23
144	parses	77.12	13	172	dialogue	67.976	20
145	Penn	77.12	13	173	computation	67.525	14
146	summarization	77.12	13	174	constituents	67.525	14
147	properties	76.296	34	175	achieves	66.312	17
148	metaphor	75.902	22	176	proposes	65.991	18
149	classifier	75.81	14	177	training	65.978	44
150	probabilities	75.81	14	178	clustering	65.551	13
151	search	75.767	30	179	polarity	65.551	13
152	functional	75.106	23	180	collocations	65.255	11
153	supervised	75.081	17	181	selectional	65.255	11
154	cognitive	73.846	23	182	resolution	65.06	23
155	experimental	72.655	29	183	programming	64.492	15
156	structures	72.655	29	184	annotated	64.406	14

（续表）

排序	关键词	关键性	频次	排序	关键词	关键性	频次
185	mining	64.406	14	193	occurrence	61.677	20
186	framework	64.346	33	194	probability	61.677	20
187	constraints	63.801	21	195	implemented	61.457	18
188	feature	63.161	32	196	understanding	60.294	36
189	task	62.833	47	197	score	60.11	15
190	significantly	62.24	23	198	ontology	60.087	18
191	level	62.202	48	199	robust	59.916	12
192	tag	61.995	13	200	estimation	59.581	16

图书在版编目(CIP)数据

计量世界里的"中国英语":以摘要文体为例/李伟娜著. —上海:上海人民出版社,2017
(二外竞先文库)
ISBN 978-7-208-14533-7

Ⅰ.①计… Ⅱ.①李… Ⅲ.①计量学-英语-论文-写作-研究-中国 Ⅳ.①TB9

中国版本图书馆CIP数据核字(2017)第128237号

责任编辑 沈骁驰
封面设计 零创意文化

·二外竞先文库·
计量世界里的"中国英语"
——以摘要文体为例
李伟娜 著
世纪出版集团
上海人民出版社出版
(200001 上海福建中路193号 www.ewen.co)
世纪出版集团发行中心发行 上海商务联西印刷有限公司印刷
开本 720×1000 1/16 印张 15.75 插页 3 字数 210,000
2017年6月第1版 2017年6月第1次印刷
ISBN 978-7-208-14533-7/H·101
定价 45.00元